Managing IT Infrastructure in the age of cloud

impress
top gear

コードによるインフラ構築の自動化

第4版

Ansible

実践[基礎編]

core v2.14対応

北山 晋吾／　　　　正隆／畠中 幸司／横地 晃 =著

インプレス

はじめに

　本書を手に取っていただき、ありがとうございます。本書は、オープンソースの構成管理ツールの一つである Ansible の概要から、基本的なシステム構築やアプリケーションデプロイメントの基礎をまとめたガイドです。本書では、Ansible の利便性だけでなく、ビジネス要求に対する開発スピードの向上や、変更要求に対する運用の柔軟性を身に付けていただくことを目的としています。そのため、本番適用を見据えた解説やコードの共有を意識しています。この背景には、構成管理ツールの役割の変化を、皆様に伝えたいという想いがあります。

　近年 Ansible をはじめとして、複数のサーバー構築やクラウド環境を統合的に管理する構成管理ツールが注目を浴びています。その理由の一つには、クラウドリソースのサービス化やインフラリソースの API 化に伴い、ビジネス変化に合わせたシステム構築が容易になっていることが挙げられます。こうした構成管理の変化によって、迅速かつ低コストでシステム開発を始められることが、企業の運用効率化につながっています。つまり、構成管理ツールは迅速なシステム構築や柔軟な変更を可能にすることで、コストの削減や開発スピードの向上を提供し、ビジネスにおける IT 戦略をサポートする役割を担っているのです。

　こういった背景を踏まえ、皆様には、日々の運用作業自動化を身に付けていただくだけでなく、ビジネスの変化に迅速かつ的確に対応できるよう、ツールを活用していただきたいという願いがあります。本書を通して、Ansible を活用いただき、少しでも皆様のビジネスに貢献することができれば幸いです。

2023 年 5 月吉日

執筆者代表　北山晋吾

本書のターゲット

本書は、これから Ansible を利用し、システム構築の自動化を始めてみたいというエントリユーザーを対象としています。特にシステムを構築、運用するエンジニア同士がコードを共有し、継続的デリバリへと展開していく上で必要な、Ansible の基礎知識を中心に取り上げています。また、本書の内容を習得いただいた上で、さらに実用的な Ansible の活用やコレクションの利用を行いたい場合は、同出版の『Ansible クックブック』も合わせて参照してください。

本書の内容は、Linux の利用経験があり、基本的な OS コマンド操作ができることを前提としております。必要に応じて他の書籍、またはインターネット上の情報を参照いただくようお願い致します。

本書の構成

本書の前半では Ansible をはじめ、構成管理ツールに触れたことがない方にも理解しやすいように、基本の環境設定やトライアルコードの実装から紹介しています。『Ansible 実践ガイド 第 3 版』までは、応用実装を含めたコードの紹介を行っていましたが、本書では Ansible の国内市場動向を考慮して、はじめて Ansible を触る方でも手にとっていただけるよう改変いたしました。この背景としては、Ansible の利用が成熟化してきたとともに、各エンタープライズ企業のクラウド利用が定着してきたことが関連しています。

クラウドにより、すでに多くの作業が自動化されていることが前提となった環境において、Ansible がより活用できる範囲に絞って本書は解説しています。

第 1 章では、DevOps の基本概念を取り上げています。ここでは組織内の自動化を目指す企業において、どのように開発と運用を行うべきなのかという根本的な概念を身に付けていただく内容です。DevOps や自動化を推進するに当たり、改めて振り返っていただくための基礎知識です。

第 2 章、第 3 章では、Ansible のアーキテクチャや文法など、基本的な使い方を解説します。はじめて Ansible を利用される方を前提に内容を構成していますが、本書の取り上げるコードの基礎となるため、一度軽く理解した上で、必要に応じてこの章を振り返っていただくことをお勧めします。

第 4 章では、Ansible を利用した監視システムのデプロイメント方法を紹介します。本章では Prometheus を使った監視システムを例に取り上げて紹介していますが、その他のアプリケーションやミドルウェアの導入に関しても同様の手順が利用できるよう配慮しています。Ansible を実務で活用するときの参考として、手元で実装しながら学んでください。

第 5 章では、紹介したコードを本番に展開するための Tips やノウハウを紹介します。また、Ansible をより実践で活用するためのノウハウや、組織全体の自動化を推進する上で必要な仕組みを紹介します。

謝辞

このたび、本書の執筆機会および編集にご協力いただきました土屋様には、厚くお礼申し上げます。何度もスケジュールを調整いただき、最後まで一緒に歩んでいただいたお陰で出版までたどり着くことができました。

また、本書をともに執筆いただいた塚本正隆様、畠中幸司様、佐藤学様、横地晃様、またレビューいただいた田中絢子様には、お忙しい合間を縫ってご支援いただきました。この場を借りてお礼申し上げます。最後に、執筆期間中、自身の時間を割いて育児や家事を率先してくれた家族の協力にも心より感謝いたします。

本書の表記

- 注目すべき要素は、太字で表記しています。
- コマンドラインのプロンプトは、"**$**"、"**#**"で示されます。
- 実行例およびコードに関する説明は、"**##**"の後に付記しています。
- 実行結果の出力を省略している部分は、"**...**"あるいは（**省略**）で表記します。
- 紙面の幅に収まらないコマンドラインでは、行末に"****"を入れ、改行していますが、実際の入力では、1行で入力してください。

```
# systemctl get-default ## 操作および設定の説明
multi-user.target 太字で表記
... 省略
# dnf install https://dl.fedoraproject.org/pub/epel/\   ←改行
epel-release-latest-9.noarch.rpm
```

- 紙面の幅に収まらないコードは、"**⇒**"を入れ、改行していますが、実際の入力では、1行で入力してください。

```
1: ## 長いコマンドの実行
2:  - shell: git clone https://github.com/ansible/ansible.git --recursive; ⇒
3: cd ./ansible; make install
```

本書で使用するコード

　本書で使用するサンプルコードは、以下の URL から入手できます。なお、サンプルコードに関しては、随時更新される可能性がありますのでご了承ください。

参照：Ansible 実践ガイド用サンプルコード

https://gitlab.com/cloudnative_impress/ansible-tutorial.git

本書で使用した実行環境

◆ハードウェア

- Ansible コントロールノード

  仮想環境（VMware ESXi / VirtualBox / Parallels Desktop）

  ・CPU：vCPU 2Core（2.4GHz x64 プロセッサ）

  ・メモリ：4GB

  ・ディスク：30GB

  ・OS：Rocky Linux

- Ansible ターゲットノード

  仮想環境（VMware ESXi / VirtualBox / Parallels Desktop）

  ・CPU：vCPU 2 Core（2.4GHz x64 プロセッサ)

  ・メモリ：4GB

  ・ディスク：30GB

  ・OS：Rocky Linux

> ターゲットノードは各プラットフォームに必要なシステム要件に従ってください。

◆ソフトウェア

- Ansible Core v2.14
- Rocky Linux v9.1

必要に応じて、インターネットのリポジトリからソフトウェアを取得しています。

目次

第1章
Ansible の概要

　読者の皆様は、構成管理についてどのような興味や課題を持って、本書を手にして頂いたでしょうか。

　たとえば、「現在、構成管理ツールの導入を検討している」「すでに導入を行っているけれども、組織の中でうまく機能していない」または、「今まで構成管理ツールに触れたことがなく、本書を見て一から検討してみたい」などといった関心を抱いているのではないでしょうか。構成管理は今に始まった概念ではなく、これまでにもハードウェアやソフトウェアの開発プロジェクトの成果物を制御・管理する方法論として活用されてきました。しかしながら、近年の構成管理はクラウドコンピューティング（以下クラウド）リソースの管理方法に大きく依存し、その対象範囲も刻々と変化してきました。

　本章では、このクラウドの変遷をたどりながら、IT 部門の運用課題に対して Ansible を活用できるケースを紹介します。特に、構成管理ツールを利用していない環境と比べながら Ansible の特徴やメリットを学ぶことで、自動化の理解が深まります。それでは早速、Ansible の世界に飛び込んでみましょう。

1-1 Ansible を取り巻く環境

　まず Ansible が何者なのかを語る前に、構成管理ツールが注目された時代背景から紹介します。

　通常、**構成管理**とは、「IT サービスを効率良く提供するために必要な資産や成果物を維持管理するプロセス」と定義されます。もう少し具体的に示すと広義で語られる IT サービスの構成管理と、オペレーション自動化として語られる狭義の構成管理があります。本書で取り扱う構成管理は、IT サービス全体を提供する構成管理プロセスではなく、あくまでオペレーション自動化の側面（機能）としての構成管理を取り扱います。

- IT サービスとしての構成管理

　　「IT サービスのライフサイクルにおける、ハードウェアやソフトウェア、仕様書や契約書における変更記録や成果物を管理するプロセス」

　　主として、IT サービスの最適化を支援することを目的とし、機器やアプリケーションがどのような構成で成り立っているのかを、正確かつ迅速に提供します。

- オペレーション自動化としての構成管理

　　「最終的にある機器を、意図する状態に収束させるための設定および状態を管理するプロセス」

　　主として、システムコンポーネントのプロビジョニング自動化を目的とし、IT サービスにおける「構成の識別」および「構成のコントロール」「状態の記録、監視」に特化したプロセスを提供します。

　この構成管理の定義の違いが生まれるきっかけとなったのが、まさにクラウドの登場でした。では実際に、構成管理の時代背景から追っていきましょう。

1-1-1 ビジネスアジリティの追求

　近年、会社の経営方針の変更や、時代のニーズの変化などに機敏に対応できる柔軟な IT システム、または効率的な開発手法などを示す表現として、ビジネスアジリティ（企業の敏捷性：Business Agility）という言葉が注目を浴びています。ユーザーのニーズが刻々と変化する時代において、ビジネスアジリティを向上することそのものが、企業としての競合優位性（Competitive Advantage）を確立します。そして、この柔軟なシステム提供を支えている技術こそが「クラウド」であり、「DevOps」と呼ばれる考え方です。

■ 構成管理の変遷

　従来のオンプレミス環境におけるインフラ構築作業では、エンジニアが手順書に従って複雑なオペレーションを実施するのが、当然のこととして捉えられていました。たとえば、ハードウェアのセットアップから、OS のチューニング、またミドルウェアのクラスタ構築に至るまでが手作業であり、一度構築したものを保守期限が切れるまで長期的に利用し続けるという塩漬け状態が、よく見られる運用スタイルでした。また、記録的システム（SoR：System of Record）では、企業の基幹系業務やマスタデータを管理する汎用系システムが多く、投資対効果に基づいた業務効率化を図ることが主業務とされます。そのため、ウォータフォール型の開発プロセスで、信頼性の高いシステムを一度に作り上げることが重視されていました。さらに、塩漬け状態のシステムは、運用管理を行う中で、構成管理と定期的に同期を行っていれば良く、手作業での構成管理でも、運用工数の計画範囲に十分収まる状況でした。

　ところが、クラウドの登場がこの管理プロセスに大きな影響を与えました。クラウド環境は、仮想化により物理的なリソース制約を排除しただけでなく、API からの構成情報の取得や操作を可能としました。その結果、ネットワークやストレージボリュームなどのインフラリソースを簡単に構築、変更、削除できることで、今までのように負担の大きな構成管理が必要なくなったのです。逆にシステムの構成管理を手動で行っていては、インフラリソースのライフサイクルの短さに伴う変更頻度の増加により、かえって運用コストを肥大化する可能性もあります。

　そこで、インフラリソースを効率良く管理するために開発されたのが、構成管理ツールです。これまでの構成管理の対象は、システムの変更履歴や構成情報そのものでした。しかし、クラウドを活用すると、そこはクラウドプラットフォームに管理を任せられます。そうすると構成管理には、構成情報を取得して意図する状態にシステムを収束することが求められます。つまり、動作しているシステムの状態を管理者の期待値に合わせて動的に設定することが、構成管理ツールの役割となります（Figure 1-1）。

　このように、クラウドの登場によってオペレーション自動化、さらには構成管理ツールの実装機能そのものが、構成管理の役割となったと言えます。

　その他にも、クラウドの登場によって構成管理の概念が変化した原因には、次のことが挙げられます。

- クラウドリソースのライフサイクルが短く、頻繁に変更される膨大なリソースを手作業で構成管理することが非効率である。
- クラウドネイティブな設計によって、特定のベンダーに依存しない、移行性の高い運用が必要になった。

15

- インフラリソースがソフトウェアによって抽象化されたため、動的にインフラを取り扱えるようになった。
- 頻繁にシステムの構築と破棄を繰り返しても、同じ品質のリソース提供結果が求められる。

Figure 1-1　構成管理の変化

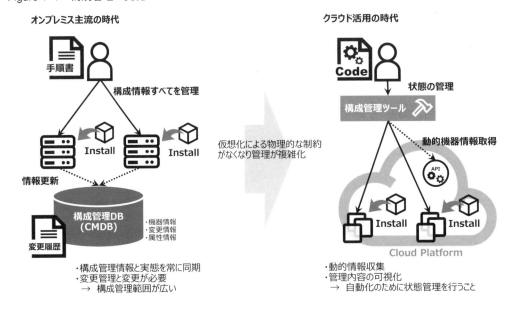

クラウド環境だけが自動化の恩恵を受けられるというわけではありません。オンプレミスにある基幹業務システムでも、システムオペレーションの自動化ツールや専用スクリプトなどを利用して、構築作業を自動化できます。ただし、IT サービスとしての構成管理をどのように行うかはまったく別問題です。つまり今まで通りの構成管理データベース（CMDB）の更新を行いながら、オペレーションの自動化を行うことも可能ですし、逆にクラウドプラットフォームを使っていても CMDB の更新が必要な場合もあります。

したがって、本章のはじめに紹介したように、構成管理という言葉の定義によって、システムの管理範囲が異なることを十分理解しておいてください。また、どこまでを自動化の管理対象とするのかを、プロジェクトの運用設計段階で検討しておきましょう。

■ 構成管理と組織の体制改善

ビジネスアジリティを加速する活動の一つが DevOps です。DevOps の定義には厳密なものがなく、ネットや書籍でも視点によってさまざまですが、本書では以下を DevOps の定義とします。

> ビジネスやプロジェクトを成功させるために、組織体制とツールの両面を継続的に改善することでビジネスアジリティを向上させ、リスクを低減する活動

　ここで重要なことは、DevOps は組織の体制変更を伴う改善活動であるということです。つまり流行りのツールを導入して実装することが DevOps の役割ではなく、ビジネスアジリティを機能させるチームや組織体制を作り上げることが DevOps の本質です。もちろん DevOps を実践するためには、システムへの変更を決定してから、その変更が本番に適用されるまでの時間を短縮する必要があります。ツールを利用することも必然ですが、開発プロセスの中で開発者（Dev）と運用者（Ops）が互いに状況を理解し、協力しながらアジリティを向上させるプロセスの構築や、意識改革も重要な役割を担っています。

Column　DevOps の概念

　そもそも DevOps の概念は、2009 年にオライリー社（O'Reilly Media, Inc.）主催の「Velocity 2009」というイベントにおいて、当時 Flickr に所属していた John Allspaw 氏と Paul Hammond 氏によって、以下のプレゼンテーションの中で提示されたものです。

参照： 10+ Deploys Per Day: Dev and Ops Cooperation at Flickr（1 日 10 回以上のデプロイメント： Flickr における開発と運用の協力）

```
https://www.slideshare.net/jallspaw/10-deploys-per-day-dev-and-ops-cooperation-
at-flickr
```

　基本的な構成要素は「組織の体制」と「ツール」ですが、このツールの要素に「自動化されたインフラストラクチャ（Automated infrastructure）」が含まれています。

　DevOps を実践できているかどうかの判断は、ビジネスの要求に対して、満足する速さで環境が用意できるかどうかで決まります。これを**デリバリパフォーマンス**[1]とも言います。当然、組織によってその目的に達するスタート地点もゴール地点も異なるので、デリバリパフォーマンスの指標も異なります。こうした立場における認識の違いが、DevOps の定義を多様化させる理由の一つとなっています。

＊ 1　DevOps culture: Learning culture
　　　https://cloud.google.com/solutions/devops/devops-culture-learning-culture

　では、ビジネスアジリティ向上を目指す上での「**組織体制**」の改善とは何なのでしょうか。企業によってさまざまな課題がありますが、よくある課題の一つが組織のサイロ化です（**Figure 1-2**）。

Figure 1-2　組織体制の改善と自動化

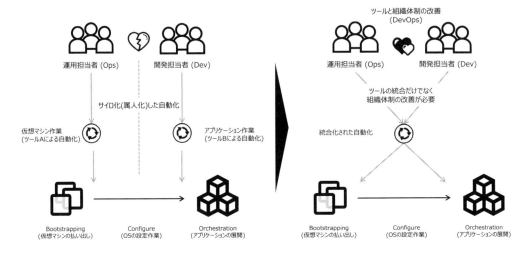

　多くの企業では、すでに自動化の必要性を認識しているだけでなく、何らかの自動化ツールを活用しています。しかし、実際の組織内のシステム環境は複雑化しており、自動化する作業やその範囲も部門連携せずに孤立しています。

　たとえば、仮想マシンを 1 つ払い出すことを考えてみましょう。運用者は独自の自動化ツールで構築作業を行い、できあがった仮想マシンに対して、開発者は独自の手法でアプリケーションをデプロイします。役割や責任を明確化するという意味では効果的ですが、組織がサイロ化することで、最終的に特定の人にしか管理できない自動化を生んでしまいます。これでは組織全体のメリットは半減してしまいます。こうした課題を一つずつ可視化し、改善することが、DevOps における組織体制の改善なのです。

　本書では、Ansible を使った構成管理の自動化を数多く紹介していきます。しかし、ツールの利用方法だけに関心を寄せるのではなく、組織間で協力し合ってビジネスアジリティを向上させるという、DevOps 本来の目的を決して忘れないようにしてください。

1-1-2 **Infrastructure as Code**

クラウドが登場してからは、インフラリソースのライフサイクルが短くなるだけでなく、システム構築、構成変更、そして破棄が容易に行えるようになりました。しかし、頻繁に構成が変わるたびに手順書を書き換え、手作業でこれらを運用していては、すぐに運用工数が肥大化してしまいます。そこで、インフラリソースもアプリケーション同様に、コードで記述された内容をもとに自動で管理しようとした仕組みが Infrastructure as Code です。これは、インフラリソースのあるべき姿をコードに反映するという、ソフトウェア開発で培われた手法をインフラの管理にも適用するという概念から生まれました。Infrastructure as Code の定義は以下のとおりです。

> インフラの構成管理をコードで記述し、ソフトウェア開発で培われてきた開発プロセスをインフラシステム、アプリケーション、ミドルウェアのデプロイメントやコンフィギュレーションの管理に適用すること

ここで述べられている、ソフトウェア開発のプロセスは、成果対象物のバージョン管理や、繰り返し可能なビルドやテストを意味します。つまり、インフラリソースをコードで操作するということは、そのコード自体が「品質管理」「バージョン管理」「テスト」の対象となるということです（Figure 1-3）。

Figure 1-3　Infrastructure as Code の全体像

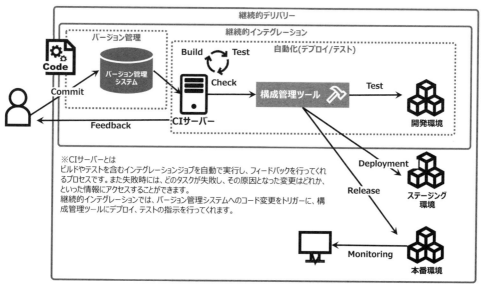

　また、ビルドやテストを自動化し、頻繁に繰り返すことで問題を早期に発見し、フィードバックから開発品質の向上や納期の短縮を図る手法を**継続的インテグレーション**（CI：Continuous Integration）と言います。このようにアプリケーション開発で培われたノウハウをインフラの管理でも応用できるようにしたことが、Infrastructure as Code の最大の特徴です。

　Infrastructure as Code は、オペレーション自動化としての構成管理と同じ意味合いで使われますが、近年では自動化だけでなくインフラシステムのライフサイクル管理を対象として語られています。よって Infrastructure as Code という言葉には、デプロイメント、テストの自動化やバージョン管理といったインフラにおける継続的インテグレーションが含まれると捉えておきましょう。

■ Infrastructure as Code の効果

　Infrastructure as Code を実践し、構成管理の自動化を行った場合、以下のメリットがあります。

- オペレーション工数の削減

　　従来、手動で行ってきた作業をコード化、自動化することにより、オペレーション工数および納期の短縮が期待できます。

- オペレーション品質の向上

　　運用時に発生する障害の多くが単純な作業ミスであり、どのような対策を施しても人が介在する以上、完全に作業ミスを避けることはできません。運用作業をコード化して、自動化することにより、オペレーション品質を均一に保つ効果が期待できます。

- システム運用の標準化の促進

　　自動化やバージョン管理を適切に行うことで、システム運用のポリシーや業務の標準化ができます。さらに、運用プロセスを標準化することにより、クラウドリソースの変更にも柔軟に対応できます。

- 作業統制の強化

　　作業オペレーションを自動化することにより、内部統制やセキュリティ対策面での効果が期待できます。たとえば、構築作業を自動化することによりサーバーへの不要なオペレーションやアクセスを減らせます。

　このように Infrastructure as Code を適用することで、アジリティの高いサービス提供が期待できます。

■ Infrastructure as Code の対象領域

インフラリソースをコードで操作するためのツールやその対象範囲は、プロビジョニングレイヤによって分類されています。プロビジョニングとは、必要に応じてサーバーやネットワーク、アプリケーション、ストレージなどのリソースを準備・配置し、サービスを利用可能にするまでの工程を指します。通常インフラリソースのプロビジョニングは、Figure 1-4 のように、3 つのレイヤに分けられます。これは、Velocity 2010 で Lee Thompson 氏が発表した Provisioning Toolchain というフレームワークに従っています[*2]。

Figure 1-4　プロビジョニングレイヤ

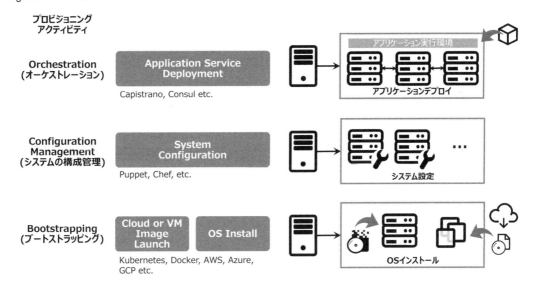

それぞれのプロビジョニングレイヤに関して、詳しく特徴を見ていきます。ここで重要な点は、1 つのツールが、どのレイヤまでを自動化できるのかを事前に把握しておくことです。必ずしもレイヤに対して 1 つのツールを割り当てる必要はありません。

◇ オーケストレーション（Orchestration）

オーケストレーションとは、リソース集合体の連携したサービスを提供することです。たとえば、アプリケーション実行環境の構築とアプリケーションのデプロイメントを一連の処理として実施することや、ミドルウェアのクラスタ構成にメンバを追加/削除できます。ただし、近年この

＊ 2　Velocity 2010　Lee Thompson の Provisioning Toolchain
　　 https://www.slideshare.net/dev2ops/velocity-online-provisioningtoolchainkey

レイヤの処理は、システム構成管理のツールが統合的に管理できるよう機能拡張されています。

◇ システムの構成管理 (Configuration Management)

　システムの構成管理とは、OS 起動後の OS 初期設定やミドルウェアのインストール、設定などの処理を行うレイヤです。前述の、「オペレーション自動化としての構成管理」の定義に当たるレイヤが、まさにシステムの構成管理であり、構成管理ツールの主要な役割となっています。ここのレイヤの役割を提供しているツールには、Ansible をはじめとして、Chef などがあります。

　多くの場合、Ansible はシステムの構成管理レイヤのツールとして紹介されます。しかし、Ansible の特徴である、マルチレイヤサポートを活かすことにより、その他のレイヤを取り扱うことも可能です。

◇ ブートストラッピング (Bootstrapping)

　ブートストラッピングとは、インフラリソースを起動し、利用可能な状態になるまでの処理を行うレイヤです。

　たとえば、物理環境では手作業で OS のインストール作業を行っていましたが、クラウドリソースではリソース管理用の API が用意されており、その API を経由してリソースを操作できます。

　ブートストラッピングを提供しているツールには、Kubernetes や Docker などがあります。また、Amazon Web Services（以下 AWS）や Microsoft Azure、Google Cloud Platform などのパブリッククラウドの API もブートストラッピングを提供するプラットフォームと言えるでしょう。

■ Infrastructure as Code の適用

　それでは、実際の組織において、どのように Infrastructure as Code を適用していけばよいのでしょうか。

　すでに開発プロセスや承認フローが決まっている組織に導入するためには、メンバ間の意識を揃える必要があり、それには多大な時間と労力を要します。そのため、まずは組織の現状を明確に把握した上で、標準化と自動化が可能な分野を特定し、段階的なアプローチで進めていくことが重要なポイントです（Figure 1-5）。

　実際には、企業の自動化に対する成熟度に合わせて、適用すべき範囲を特定すると効果的です。

Figure 1-5　自動化の成熟度モデル

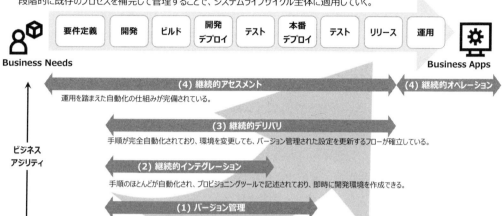

（1）バージョン管理

　　日常の作業全体において、インフラリソースの変更情報を記録し、過去のある時点の状態を復元したり変更内容の差分を表示したりできる状態

（2）継続的インテグレーション

　　開発環境のデプロイメント、テストにおいて、定期的かつ反復可能な作業を自動化し、繰り返し実行できる状態

（3）継続的デリバリ

　　本番環境において、テスト済みの成果物が、完全な状態で継続的にリリースできる状態

（4）継続的アセスメント、継続的オペレーション

　　運用業務の一環として、サービスのリリースに対する評価ができ、継続的なサービス改善が提示できる状態

　ここでは Infrastructure as Code を対象としていますが、これらの概念は DevOps の活動プロセスとも似ています。DevOps の最終的な目標は、組織の動きをビジネスで求められる速度まで加速することです。Infrastructure as Code では必ずしもこれらすべての段階を網羅することが正しいゴールではありません。業界特性や環境によって、求められるアジリティは異なるため、バージョン管理だけで要件を満たすことも十分にありえます。これらを考慮した上で、導入の進捗測定、および改善計画を立てて実行することをお勧めします。

1-2 Ansible とは

　ここからは、Ansible について詳しく触れていくことにしましょう。Ansible はシステムオペレーションの自動化を支える、Python 製の構成管理ツールです。Ansible を利用することによって、スクリプトや手動で行っていたオペレーションを自動化し、開発プロセスを効率化できます。

　Ansible が登場する前にも Chef や Puppet をはじめとする、数多くの構成管理ツールが世の中には存在していました。しかしその時点では、構成管理ツールが注目を集め、爆発的に普及していくことはありませんでした。その原因の一つは、ツールの導入コストの高さです。特に現場のエンジニアにとって、ツールの複雑なアーキテクチャを一から理解することや、今までのオペレーションを変更してまで運用環境に適応することの煩わしさは、ツールの導入障壁を上げる大きな要因となっていました。また、クラウド登場以前では、インフラリソースを動的に変更する機会も少なかったため、構成管理ツール導入に対する投資対効果が見込めないこともありました。

　そこで、「IT サービスにおけるサーバーの自動化を単純化し、運用コストを低くしたい」という想いから立ち上がったのが、Michael DeHaan 氏を筆頭とする Ansible プロジェクトです。

　Ansible は、誰もが簡単にコードを書き、システムの管理が柔軟にできることをミッションとして 2012 年から開発されました。2013 年には製品化を進めるために Ansible, Inc. が設立され、さらに 2015 年には Red Hat, Inc. が Ansible, Inc. を買収したことで、構成管理ツールの重要性が世間一般にも広く注目されるようになりました。現在も Ansible プロジェクトは GitHub において高い支持を集めており、活発なコミュニティとなっています。さらに、Ansible はオンプレミスのシステムからパブリック・クラウドまでのマルチベンダー連携が可能であり、大手金融機関や製造業においても採用されており、世の中での認知度が飛躍的に上がっています。

　一方、Ansible の存在は、DevOps の推進にも大きな影響を与えています。DevOps 導入に向けた最初のステップは、開発者と運用者の共通言語となるツールを選択することです。Ansible は、それを実現可能にするツールの一つです。Ansible を利用するためには、ソフトウェア開発者である必要はありません。特別なコーディングスキルがなくても、状態を定義した簡易なファイルさえ記述できれば誰にでも利用できます。今までは、OS 設定とミドルウェア展開だけに利用されていた構成管理ツールですが、クラウド環境やオンプレミスのシステム全体を容易に管理していくための開発/運用者間の共通言語という重要な役割も担います。

　このように、Ansible がオペレーション自動化への参入障壁を大幅に下げたことにより、ビジネス変化に伴う、構築スピードの向上や、リソースの削減が容易に行えるようになりました。そして今や、Ansible は組織のプロビジョニングプロセス全体を管理するプラットフォームに成長しています。それでは、このプラットフォームを支える Ansible の特徴について、見ていきましょう。

1-2-1　Ansible の特徴

　Ansible は構成管理の自動化に伴う、動的な作業タスクの実行制御やマルチスレッド処理など多くの特徴を持っていますが、主な特徴として挙げられるのは、以下の 3 点です。

- 設定ファイルの可読性の高さ（Simple）
- エージェントレスの構成（Agentless）
- マルチレイヤの対応（Powerful）

　それぞれの特徴の詳細は、次のとおりです。

■ 設定ファイルの可読性の高さ（Simple）

　Ansible では、構成管理の処理を「YAML」というデータ表現記法で記述します。YAML の構文は、インデントと改行に構造的な意味を持ちます。それさえ理解できれば特別なコーディングスキルがなくても、どのような処理を行っているのかを把握できます。一方、Chef の設定ファイルは、Ruby の文法に則って記述する必要があります。プログラミング言語に慣れているメンバばかりで使用するのであれば学習コストも低く、迅速に共有できますが、複雑な処理構文を書けば書くほど、プログラミング経験の少ないエンジニアは理解に時間を要します。Figure 1-6 の図は、Apache のインストールからセットアップまでの処理を Ansible と Chef の構文で比較したものです。とても単純な例ですが、可読性の違いを比べてみてください。

Figure 1-6　YAML と Ruby の比較

■Ansible(YAML)の表記

(apache_playbook.yml)

```
- name: Install Apache
  ansible.builtin.dnf:
    name:http
    state: latest

- name: Configure Apache
  ansible.builtin.template:
    src: /tmp/httpd.j2
    dest: /etc/httpd.conf

- name: Start Apache
  ansible.builtin.service:
    name: httpd
    state: started
    enabled: true
```

■Chef(Ruby)の表記

(apache_recipe.rb)

```
yum_package 'httpd' do
  action :install
end

template "/etc/httpd.conf" do
  source "/templates/httpd.conf.erb"
end

service "httpd" do
  supports :status => true, :restart => true, :reload => true
  action [:enable, :start]
end
```

この可読性の差が、DevOps を実現する上でも重要な意味を持ちます。誰もが直観的に理解できるルールを適用することが、ノウハウの共有を促進します。開発者と運用者の間で同じ言語を使い、同じ知識を学び、同じ情報を共有するという習慣こそが変化に柔軟な組織体制を創るのです。また YAML での記述は、エンジニアの初期学習コストを下げるだけでなく、複数人で作業を共有できる環境作りにも貢献します。そのため、Ansible をより効果的に利用するには、可読性の高さを重視しながら属人的なコードを排除することを心掛けなければいけません。

■ エージェントレスの構成（Agentless）

Ansible は、構成管理対象のサーバーにエージェントソフトウェアをインストールする必要がありません。Ansible が実行する処理内容は、管理サーバーから SSH 接続を介して安全に送信、実行されます。管理サーバーや構成管理対象のサーバーに対象バージョンの Python をインストールしておく必要はありますが、主な Linux ディストリビューションであれば、OS の初期インストール時に Python も SSH サーバーもインストールされているので追加の作業は不要です（Figure 1-7）。

Figure 1-7　エージェントレス型のアーキテクチャ

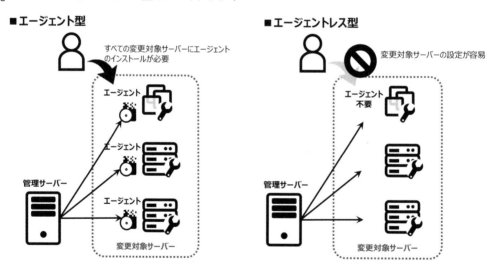

また、既存のオペレーションを Ansible に移行したとしても、SSH 接続を介してタスクが処理されるため、特別な追加設定は不要です。

このようにエージェントレス型ツールでは、サーバー追加に伴うエージェントのインストールなどの煩わしい作業も必要としません。この特徴が、Ansible の導入コストを下げる要因にもつな

がります。

■ マルチレイヤの対応（Powerful）

　Ansible は、マルチレイヤに対応した構成管理ツールです。従来の構成管理では、パッチの自動適用やミドルウェアのクラスタ設定など、ある特定のオペレーションだけを対象にした自動化が主流でした。しかし Ansible は、構成管理対象のレイヤが広く、インフラエンジニア、アプリケーションエンジニアの隔てなく利用できるツールとなっています。さらに、マルチベンダーのプロダクトもサポートしており、ネットワークベンダーから、エンタープライズ OS、クラウドリソースまで、あらゆる製品をコントロールできるのも魅力的な特徴の一つです。これらのマルチレイヤの対応を支えている要素が「豊富なモジュール群」と「冪等性の担保」です。

◇ 豊富なモジュール群

　Ansible で自動化する処理は、一からスクリプトを記述するのではなく、Ansible に備わっている「モジュール」というコンポーネントを呼び出して実行します。モジュールは処理の内容ごとに用意されており、Ansible をインストールした時点で基本操作のモジュールは含まれています。また、ハードウェアや Linux、Windows をはじめとする OS、各種データベースなどのミドルウェア、ネットワーク機器、さらには AWS や Docker といった、さまざまな用途ごとのモジュールが日々提供されており、今後もトレンドに合わせて増えていく予定です（Figure 1-8）。

Figure 1-8　豊富なモジュール

27

　Ansible では、モジュールを利用することによって、誰もが同じ処理を間違いなく記述できることを目指しています。たとえば、あるファイルをコピーするというモジュールを利用すると、そのタスクの中でエラーハンドリングも行われます。そのため、同じ処理にも関わらず処理フローを書く人によって、内容も品質も異なるコードが生まれることはありません。したがって、モジュールの利用方法を理解しておくことで、さまざまなプロダクトを統合管理できます。

　Ansible から操作できる対象範囲は、モジュールに依存しています。モジュールが豊富に提供されている点は、構成管理ツールとして Ansible を選択する大きな理由の一つです[*3]。

◇ 冪等性の担保

　冪等性は、「べきとうせい」と読みます。ある操作や同一の設定を何度繰り返し行っても、行った操作は実行結果が変わらないという概念です。これは、多くの構成管理ツールで実装されている特徴であり、Ansible では各モジュールの中で実装されています。さまざまなプロダクトを管理する上で、この冪等性が担保されていなければ、思いもよらない設定トラブルを引き起こしてしまいます。

　たとえば、あるミドルウェアのインストール作業を自動化する場合を考えてみましょう。独自スクリプトなどで冪等性が考慮されていない自動化の場合、すでにインストール済みの環境であっても、上書きでミドルウェアをインストールしてしまいます。その結果、既存の設定を上書きして初期状態に戻してしまい、サービスに思わぬ影響を引き起こす可能性があります。このようなトラブルを防ぐためには、本来、ミドルウェアがインストールされるはずのディレクトリのチェックやプロセスが起動していないかの確認作業を事前に行い、すでにインストールされている場合は何も行わないという処理が必要です。複数回実行されても影響がないようにエラーハンドリング処理を実装することは工数がかかりますが、冪等性が担保されているツールを利用すれば、何度実行しても同じ結果が得られます（Figure 1-9）。

　このように Ansible のモジュールには冪等性を保証するよう、実行前に条件を判断し、必要がなければ作業をスキップするという機能が備わっています。

1-2-2　Ansible を利用する際の注意点

　Ansible を利用するメリットは、誰もが容易にオペレーションの自動化を始められる仕組みと、理解しやすいコードの可読性にあります。しかしながら、利便性を追求するがゆえに犠牲にして

＊3　Ansible All Modules
　　　https://docs.ansible.com/ansible/latest/collections/index_module.html

Figure 1-9　冪等性とは

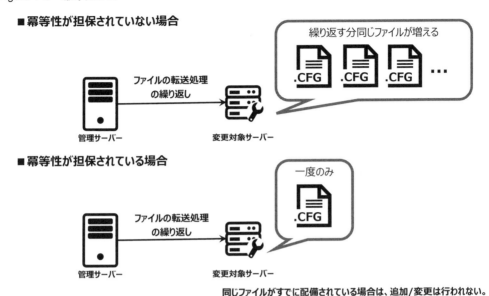

いる機能や効果も存在します。ここでは Ansible を利用するに当たり、注意すべきポイントを紹介します。

- 複雑な処理の実行が苦手

　　Ansible では、YAML の表現力だけでは対応できない複雑な条件分岐や分散処理の実行には工夫が必要です。

　　通常のスクリプトであれば、数多くの正規表現や条件判断ができる構文を利用して、個々の環境に最適な処理を記述できます。また、今までエンジニアが使い慣れてきた Shell やプログラミング言語では、実行環境さえ整えば、すぐに自動化が始められる柔軟性があります。

　　一方、Ansible の YAML 表記は可読性を重視しており、複雑な表記は避けるよう設計されています。そのため、決められた特定の規則の中でしか処理の定義ができません。よって、今までスクリプトを利用してきたエンジニアにとっては、少し不自由な印象を与えてしまいます。

- 実行の完全性を担保できない

　　Ansible 自体にはテスト機能は含まれていません。もちろん、コマンドの実行結果は表示されるため、確実に実行処理が行われているか否かは確認できます。しかし、実行結果が意図した状態になっているかどうかの判断は、実行者自身で確認する必要があります。これは、

Ansible の処理が失敗したときに、ロールバックを行うかどうかの判断も、実行者が管理しなければいけないということを意味します。それぞれの環境に応じて、Ansible の出力結果やログだけで十分なのか、もしくはテストツールを別途用意して失敗すれば切り戻す作業が必要なのかを判断しなければいけません

前節でもあったように、オペレーションを自動化していく限りは、テストも自動化する努力が求められます。手順書を見ながらすべてのテスト項目を手動で実行し、目視確認をしていては、ビジネスアジリティの向上につながりません。一度にすべてのテストを自動化する必要はありませんが、自動化できるテスト項目と、従来通り目視する項目を分類し、テスト方法についても改善していくことが重要です。

- SSH ポートを開放しておく必要がある

  Ansible の変更対象サーバーは SSH の接続ポートを開放しておく必要があります。なぜなら、Ansible は専用プロトコルではなく SSH を使用しているからです。事前に SSH の接続方法をルール化し、統制することをお勧めします。

ここで紹介したポイントは一例にすぎません。利用者や環境が異なれば、障壁と感じない要素も出てくるでしょう。また、システムに携わる立場によって、重要視する点も異なります。各プロダクトの不得意な側面を利用者同士が十分理解し、そのツールを導入した理由を明確化しておきましょう。環境に適したツールを選択し、チームメンバでデメリットを補完し合えるように工夫することを心掛けてください。

1-2-3　他の構成管理ツールとの比較

Ansible は構成管理ツールの中では後発のプロダクトであり、他のツールと比べて設計思想が大きく異なっています。特に DevOps の思想を意識して、容易に自動化に取り組める仕組みや誰もがコードを理解できる設計が重視されています。この設計思想の違いは、Ansible と他の構成管理ツールを比較する上で重要なポイントです。

- Ansible の設計思想

  Ansible の目指すゴールはあくまで、「シンプルさと使いやすさ」です。要するに、「今までの複雑な手順を排除し、誰もが共通言語でシステムを管理する環境の標準化」を目指しています。そのため、プレイブックと呼ばれる定義ファイルでは、従来の手順書に近い記述方式を採用しています。

● 従来の構成管理ツールの設計思想

　　他の構成管理ツールは、「システムの状態を定義し、あるべき姿にシステムの構成を収束させること」を目指しています。そのため、定義ファイルはスクリプトや設定手順ではなく、システムの状態定義を行うことで動的にリソース変更を行います。

　この設計思想の違いから、実装方法としても異なるアーキテクチャが適用されています。それでは、それぞれが採用している、構成管理アーキテクチャの特徴について詳しく見てみましょう。

■ 構成管理ツールのアーキテクチャ

　特定のサーバーへ構成情報を適用するためには、定期的に同期プロセスを実行する必要があります。通常このプロセスは、「Push 型」「Pull 型」のどちらかの方法で実装されます。Push 型のアーキテクチャは、管理サーバーから実行処理を変更対象サーバーに送信し、変更を加える方法です。一方、Pull 型のアーキテクチャは、変更対象サーバー側から定期的に管理サーバー上の定義が変更されていないかを確認し、最新情報を取得する方法です。Ansible では Push 型のアーキテクチャを採用しており、多くの構成管理ツールは Pull 型のアーキテクチャを採用しています（Figure 1-10）。

Figure 1-10　Push 型と Pull 型のアーキテクチャの違い

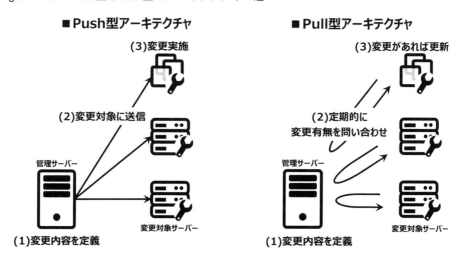

　Push 型、Pull 型の実装の違いはどちらが良い悪いというものではありません。根本的な設計思想の違いを理解し、環境に適したツールを選ぶことが必要です。

◇ Push 型のアーキテクチャ

Push 型のアーキテクチャは、シンプルかつ、柔軟性のある特徴を持っています。準備から実行まで素早く展開することが可能なため、設定内容を素早く準備し、作っては壊すことを繰り返すクラウド環境での利用に適しています。なお、Ansible もこの Push 型のアーキテクチャの特徴を持った構成管理ツールです。

Push 型アーキテクチャは以下のような特徴を持っています。

● シンプルな仕組み

　管理サーバーから、変更対象サーバーへの一方向通信というシンプルな動きのため、設定が簡素化されます。

● コントロールの柔軟性

　実行者は、指定したタイミングでリアルタイムにシステムを変更できます。さらに、万が一設定に誤りがあった場合でも、実行は管理サーバー上で制御されるため、即座に修正対応が可能です。

一方、以下のようなデメリットも存在します。

● 完全自動化の欠如

　実行処理を開始するためには、トリガーとなる作業が必須です。Push 型のアーキテクチャでは、実行者がコマンドを直接実行したり、Cron をはじめとするジョブ管理ツールに実行処理を委ねたりといったトリガーを利用して処理を実行します。

● スケーラビリティの限界

　多数の変更対象サーバーに処理を実行する際は、管理サーバーからの指示がボトルネックになることがあります。並列処理を行うことで一定の規模までは処理を実行できますが、変更対象があまりにも多い場合には、時間内に処理が完了しない可能性があります。

◇ Pull 型のアーキテクチャ

Pull 型のアーキテクチャでは、変更対象サーバーが定期的に管理サーバー上にある最新の状態定義を取得し、あるべき状態に近づけます。このアーキテクチャは、大規模なシステムの管理や、変更管理を厳密に行わなければいけない基幹システムの管理に適しています。

Pull 型アーキテクチャは以下のような特徴を持っています。

- 配布のスケーラビリティ

  すべての実行処理は、変更対象サーバーにインストールされたエージェントによって非同期に処理されます。管理サーバーでは定義設定の管理だけ行うため、変更対象サーバーが増えても処理が集中しにくい設計です。

- 完全自動化

  実行処理を手動で処理する必要がありません。あるべき状態を管理サーバーに定義するだけで、後は処理対象サーバー側のエージェントが自動的に定義を確認し、状態を変更します。

一方、以下のようなデメリットも存在します。

- 管理サーバー側の負荷対応

  変更対象サーバーにインストールされたエージェントが、定期的に管理サーバーへ状態定義の確認を行います。ただし、処理は非同期に個別のエージェントが行うため、すべての変更対象サーバーが管理サーバーへ問い合わせを行います。問い合わせの間隔はコントロールできますが、変更対象サーバーが多い場合は、問い合わせの処理自体がシステムの負荷につながります。

- リアルタイム性の欠如

  変更対象サーバーにあるエージェントが変更を検知して処理を実施します。従来のスクリプトのように一つ一つのサーバーに対して処理を行うわけではないため、非同期的に処理されることを前提としたサーバー運用が求められます。

  障害発生時などの急な変更や切り戻し作業を行っても、同じ設定に収束するまでに時間を要します。

■ 機能の比較

構成管理アーキテクチャの違いだけでなく、その他の細かな機能や実装に関しても、違いを確認しておきましょう（Table 1-1）。

Table 1-1　機能や特徴の比較

	Ansible	Terraform	Chef
ツールの開発言語	Python	Go	Ruby
ライセンス	GPL(GNU General Public License)	MPL (Mozilla Public License)	Apache License
サポート提供企業	Red Hat, Inc.	HashiCorp, Inc.	Progress Software Corp.
初版リリース年度	2012 年	2014 年	2009 年
構成管理アーキテクチャ	Push 型	Push 型	Pull 型
コード言語	YAML	DSL[2]	Ruby の DSL
GUI ツール	Automation Controller[3]	Terraform Cloud	Chef Infra

[1] 本書執筆時点
[2] domain-specific language: ドメイン固有言語
[3] Red Hat Ansible Automation Platform に含まれる

個別の機能を見ていくといくつかの差異がありますが、利用用途の違いや環境によってそのニーズは異なります。利用するメンバの理解度や技術レベルに応じてツールを選択することを心掛けましょう。

1-2-4　Ansible のプロダクト

Ansible はオープンソースの自動化ツールであるとともに、Red Hat, Inc. によってサポートされているプロダクトです。Ansible 利用開始時にすべてを理解する必要はありませんが、これらの製品名と機能提供範囲を抑えておくことによって、本書の内容だけで補えないことを調べる際の手がかりとなります。

- Ansible Project

  コミュニティ版の Ansible です。ここまで紹介してきた Ansible の主な機能はこの Ansible Project の機能を示しています。年に約 2 回新しいメジャーリリースがありますが、セットアップの容易さを重視し、やや保守的に更新されています。

- Red Hat Ansible Automation Platform（AAP）

  Ansible を主体とした、エンタープライズ向けの統合的な自動化プラットフォームです。Ansible が提供するアプリケーションやインフラストラクチャのライフサイクル管理だけでなく、エンタープライズには欠かせない実行時の権限管理やワークフロー、監査ログの取得な

どの機能を提供しています。

　なお、本書で「Ansible」と示しているものの多くは「Ansible Project」を指しており、その基本機能や使い方を中心に紹介します。また本書では詳細まで取り扱いませんが、ここで Red Hat Ansible Automation Platform について簡単に触れておきます。

■ Red Hat Ansible Automation Platform のコンポーネント

　Red Hat Ansible Automation Platform は、単なるサポート付きの Ansible ではなく、組織全体で自動化を推進するためのコンポーネントを統合しています（Figure 1-11）。

Figure 1-11　Red Hat Ansible Automation Platform の主要コンポーネント

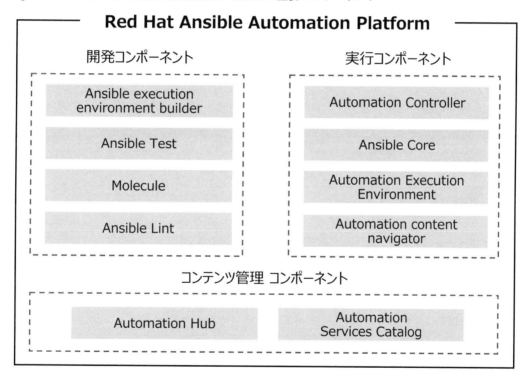

　Red Hat Ansible Automation Platform は、主に以下の3つのコンポーネントに分類できます。

● 実行コンポーネント
Ansible を使って自動化を GUI ポータル上から実行するための機能群です（Table 1-2）。

Table 1-2　実行コンポーネント

コンポーネント名	概要
Automation Controller	GUI/API で Ansible の実行やワークフローを管理する機能 (旧 Ansible Tower)
Ansible Core	Ansible を実行する主要機能 (ansible-playbook など)
Automation execution environment	Ansible の実行バイナリを Python の実行環境とともにパッケージ化したコンテナイメージ
Automation content navigator (ansible-navigator)	Execution Environments を利用して Ansible を実行するツール

‡　本書執筆時点

● コンテンツ管理コンポーネント

Ansible を実行するために必要なコンテンツを SaaS で提供する機能群です（Table 1-3）。

Table 1-3　コンテンツ管理コンポーネント

コンポーネント名	概要
Automation Hub	Ansible のロールやコレクション (モジュール) を提供するパブリック上の統合リポジトリ
Private Automation Hub	オンプレミス内でコードを共有するためのリポジトリであり、Ansible Automation Hub からコンテンツを同期
Automation Services Catalog	複数 Automation Controller のガバナンスとコンプライアンスを統合管理するツール

‡　本書執筆時点

● 開発コンポーネント

実行コンポーネントで利用するコンテナイメージやそれらをテストするための機能群です（Table 1-4）。

Table 1-4　開発コンポーネント

コンポーネント名	概要
Ansible execution environment builder (ansible-builder)	実行環境 (Execution Environments) のイメージビルドするツール
Ansible Test	Ansible モジュールの単体テストや統合テストを行うツール
Molecule	作成した Ansible のロールをテストするツール
Ansible Lint	作成した Ansible のプレイブック (YAML) を静的解析するツール

‡　本書執筆時点

この実行コンポーネント群に含まれる「Ansible Core」が、Ansible Project で提供されている Ansible と同等の機能を提供しています。

なお、Red Hat Ansible Automation Platform はセキュリティ改善や機能拡張などエンタープライズの需要に対応できるように、Ansible とは別のバージョンで管理されています。利用を検討する場合は、必ずサポートバージョン[*4]や内容を確認してから利用してください。

1-2-5 Ansible のユースケース

従来の自動化では、プロビジョニングレイヤごとに異なるツールが利用されてきました。しかし、Ansible は豊富なモジュール提供によって、各レイヤのプロビジョニングを 1 つのインターフェイスから実装できることを重視しています。これが、Ansible が Automation for everyone と謳っている最大の理由です。

ここでは、それぞれのプロビジョニング方法に関して、詳しくユースケースを見ていきましょう。また、公式サイトにもさまざまなユースケースが掲載されているので、こちらも併せて確認してください。

参照：Ansible Use Cases

https://www.ansible.com/use-cases

■ オーケストレーションへの適用

Ansible では、アプリケーションのデプロイメントやミドルウェアのクラスタ構成を 1 つのファイルとして取り扱い、テンプレートとしてシステム基盤を提供できます。これにより、複雑な依存関係のあるアプリケーションや、1 つのサーバーでは完結しない複数サーバー間の連携を定義して展開することが可能です。

- Kubernetes 環境の構築
- PHP 実行環境構築とデータベースの連携
- Jenkins を用いた CI 環境の構築

上記がオーケストレーションレイヤにおける Ansible の具体的な活用事例です。

---

* 4 Red Hat Ansible Automation Platform Life Cycle
    https://access.redhat.com/support/policy/updates/ansible-automation-platform

■ システムの構成管理への適用

今まで手動オペレーションで実施していた OS の設定作業や、スクリプトに任せていたミドルウェアの構築作業などを Ansible によって自動化します。初期構築だけではなく、緊急セキュリティパッチの適用や一時的な負荷対策用の設定変更なども Ansible を利用できます。

- Windows の初期設定
- Kernel パラメーターの設定
- ネットワーク機器のルーティング更新

上記がシステムの構成管理レイヤにおける Ansible の具体的な活用事例です。

■ ブートストラッピングへの適用

ブートストラッピングは、Ansible 単体ではなく、他のツールやプラットフォームとの連携によって実現します。たとえば、クラウド API を利用した仮想マシンのデプロイメントや、コンテナプラットフォームと連携したコンテナの起動などです。したがって、ブートストラップに必要な OS 起動機能が API 化されていることが、Ansible から操作できる前提条件です。今までは環境ごとの独自仕様に応じて、個別のスクリプトやクラウドベンダーが提供する手順に従って OS の設定作業を行う必要がありました。しかし、Ansible では豊富なモジュールにより包括的にマルチベンダーの API を取り扱うことが可能です。このように、Ansible での統一された利用方法によりプロダクト間の差異を和らげられることが、大きな利点と言えるでしょう。

- AWS の API を利用した EC2 インスタンスの作成
- Docker を利用したコンテナの管理
- Vagrant を利用した仮想マシンの立ち上げ

上記がブートストラッピングレイヤにおける Ansible の具体的な活用事例です。

1-3　まとめ

本章では、構成管理の概念、Ansible の基本的な機能や利用する主な用途について解説してきました。ここまでの内容が把握できれば、Ansible に関する前提知識は整いました。

これまで述べてきたように、Ansible は新しい機能を持ったツールではありません。しかし、ビ

ジネスアジリティを意識し、クラウド環境に適した利用や概念をもとにできた構成管理ツールです。そのため、機能を適切に利用し、ビジネス効果を得るための活用方法があります。次章以降で、Ansible の詳しい仕組みを理解し、その機能や能力について体感していきましょう。

第2章
Ansible の基礎

　第2章では、Ansible のアーキテクチャとインストール手順について解説します。Ansible は、はじめて構成管理を行う方にも理解しやすく、導入も容易なツールです。手元の環境に Ansible を導入して、普段サーバーにログインして手動で行っている作業との違いを確認しながら、構成管理ツールを体感してみましょう。

　本章では、Rocky Linux を主体とした Ansible のインストール手順とそれに伴う環境設定を紹介します。オンプレミスのサーバーだけに限らず、クラウド上の仮想マシンにも応用できるため、使い慣れた環境を使用して Ansible の基礎を習得してください。

2-1 Ansible のアーキテクチャ

　まずは、Ansible の基本動作や各コンポーネントについて紹介します。Ansible は「シンプルさと使いやすさ」を重視したアーキテクチャであるため、実際に動作させてみることが習得への近道です。しかし、実践では内部コンポーネントの仕組みや役割を把握しなければ、運用トラブルや属人化につながってしまう可能性があります。導入に先立って、まずは全体像を把握し、効率的に運用できるよう準備しましょう。

2-1-1 Ansible の基本動作

　Ansible は、処理の指示を出すコントロールノードから、処理の対象となるターゲットノードにSSH 経由でタスクを送信します。ターゲットノード側での設定は不要です。コントロールノードに Ansible をインストールし、インベントリ（Inventory）とプレイブック（Playbook）の 2 つのファイルを用意するだけで動作します。この 2 つのファイルを作成した後、コマンドの引数に 2 つのファイルを指定することにより、処理が実行されます。

　実際には Figure 2-1 のようなファイルを用意します。

Figure 2-1　Ansible の実行に必要なファイル

ansible-playbookの実行コマンド

Ansibleの実行には、ターゲットノードを定義した「インベントリ」と、実行したい処理の流れを定義した「プレイブック」さえあれば実行できる

■ Ansible実行コマンドの書式

$ ansible-playbook -i ＜ インベントリ ＞ ＜ プレイブック ＞

■ 使用例

$ ansible-playbook -i  inventory.ini playbook.yml

（1）インベントリ

　インベントリは、ターゲットノードをリストして記載するファイルです。つまり、インベントリに記載されたホストが実行対象です。さらに、単一のノードだけでなく、グループを定義することも可能です。

Code 2-1 の例では、「web_servers」と「db_servers」というグループを定義しています。

Code 2-1　インベントリ例

```
1: [web_servers]
2: 192.168.101.1
3: 192.168.101.2
4:
5: [db_servers]
6: 192.168.102.1
```

（2）プレイブック

　プレイブックは、ターゲットノード側で実行したい処理の流れを記載するファイルです。プレイブックに記載されたタスクが、インベントリに記載されたホスト上で実行されます。

　Code 2-2 の例では、ターゲットノード側で ansible.builtin.ping モジュールを実行する処理を記載しています。

Code 2-2　プレイブック例

```
1: ---
2: - hosts: web_servers
3:   tasks:
4:     - name: Ping Connection
5:       ansible.builtin.ping:
```

では、もう少し具体的に、Ansible が実際に行っている処理フローを追ってみましょう。

■ Ansible の実行処理

Ansible は、YAML のプレイブックをそのまま実行しているわけではありません。実際は、実行処理を始める前に、プレイブックをコントロールノード側で Python の実行コードに変換します。そして、ターゲットノード側に sftp コマンドで実行コードのファイルを転送した後、ターゲットノード側でコードを実行します。

　具体的には、以下の順序で実行処理が行われます。

（1）インベントリの中からホストパターンに合うターゲットノードをリストアップする。

(2) コントロールノードでプレイブック（各モジュール）を Python の実行コードに変換する。

(3) コントロールノードからターゲットノードに SSH 接続を確立し、Python の実行コードを
ターゲットノードに sftp で送信する。

(4) ターゲットノード側で、Python の実行コードを実行し、処理した出力結果をコントロール
ノードに返す。

(5) コントロールノード、ターゲットノードにある、Python 実行コードを削除する。

これらの処理フローが実行されるため、Ansible はエージェントレスの実装が可能です。また、
ターゲットノードには Python の実行環境が求められます。

Figure 2-2　Ansible の実行順序

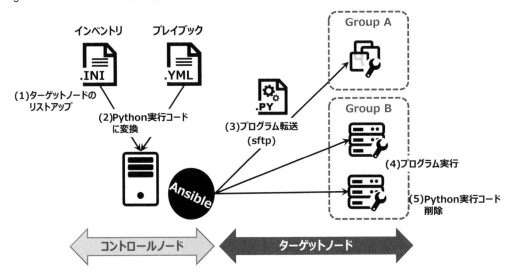

Ansible は SSH 経由で処理を実行するため、認証には注意が必要です。たとえば、サーバー設
定やミドルウェアのインストール作業では、コマンドの実行に特権ユーザー権限が必要な場合も
あります。このように、各ターゲットノード側処理の用途に応じて、タスクを実行するユーザー
を事前に作成しておきます。実際は、ターゲットノードの初期構築時に認証設定を行います。

2-1-2　Ansible の内部コンポーネント

Ansible には、柔軟性のあるタスクの実行を支援するために、いろいろな機能が備わっています。
各機能はコンポーネントの形で用意されており、プレイブックや設定ファイルから呼び出される

ことで処理が実行されます。これらのコンポーネントを管理しているのが、Ansible の**コアエンジ**
ンです。また、その他の機能は一つ一つ拡張可能な形（pluggable）で用意されています。Ansible
に含まれているコンポーネントを図示すると、**Figure 2-3** のようになります。

Figure 2-3　Ansible のコンポーネント

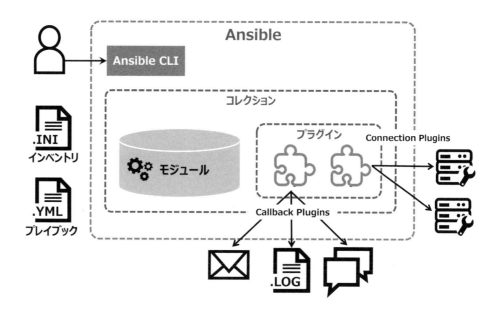

■ モジュール（Module）

　モジュールとは、コマンドラインやプレイブックから呼び出せる処理の単位です。つまり、今
まで手作業やスクリプトなどで実行していた「**ファイルの転送**」や「**サービスの起動、停止**」な
どの処理を、作業ごとに再利用できるようまとめたものです。このモジュールをプレイブックや
コマンド、API で指定することで、処理をターゲットノードで実行できます。

　通常は組み込まれているモジュールを使用するだけで多くの用途に対応できますが、モジュー
ル自体を自分で作成することによって、さらに Ansible を拡張強化できます。ただしモジュール
は、特殊なものを除き、冪等性が担保されていること、また再利用可能であることを基本として
設計されています。したがって、独自のモジュールを開発する場合にもこれらを遵守し、また属
人化したコードも避けるように注意しましょう。

　Ansible 2.10 より、ほぼすべてのモジュールはこの後で解説するコレクションに含まれるように
なりました。モジュールのメンテナンスについてはコレクションの項を参照してください。

■ プラグイン（Plugin）

　プラグインとは、Ansible のコア機能の拡張や、追加機能を提供するコンポーネントです。モジュールは、プレイブックのタスクとして実行されますが、プラグインは Ansible を構成するコア機能に付随します。

　たとえば、ターゲットノードとの通信には、Connection プラグインが使われており、SSH 接続以外の接続を行いたい場合は、プレイブック内で接続方法の切り替えを宣言します。さらに、プラグインはモジュール同様に独自開発が可能です。このように Ansible は拡張性 のある構造となっているため、自由に機能を追加できます。

■ コレクション

　コレクションとは Ansible のコンテンツの配布形式の一つです。コレクションにはプレイブック、ロール、モジュール、プラグインを含めることができます。

　コレクションが登場するまで、Ansible 本体とモジュールがワンパッケージで提供されていたため、最新のモジュールを入手するためには Ansible のバージョンアップを待つか、モジュールの開発者がロールに組み入れたものを利用しなければなりませんでした。しかし、コレクションの登場によってこの状況が大きく改善されました。コレクションは Ansible 本体と独立して配布され、モジュールやそれに対応したロール、ドキュメントなどのコンテンツを含んでいます。そのため、利用者は必要な機能をいつでも最新の状態で入手できます。コレクション単位でバージョン管理がなされるため、利用環境への影響を最小限に抑えながら、最新の機能を利用することもできます。機能を提供する側にとっても、配布や管理が行いやすくなりました。

　コレクションは Ansible Galaxy や Automation Hub などの配布サーバーからインストールして利用できます。Ansible 公式のコンテンツ配布サーバーである Ansible Galaxy では、さまざまな開発ベンダーやコミュニティによるコレクションが配布されています。Ansible 2.9 以前のパッケージに含まれていたモジュールの多くも、現在はコレクションの一部として Ansible Galaxy や Automation Hub で配布されています。Ansible Galaxy からコレクションをインストールする手順は第 5 章で解説します。

◇ コレクションのメンテナンス

　コレクションは名前空間（Namespace）と対応付けて管理されており、[名前空間].[コレクション名] という形式で識別されます。たとえば ansible-core パッケージに含まれるすべてのモジュールは、ansible.builtin コレクションに含まれています。

名前空間には ansible の他に、コミュニティで管理、運営されているコレクションを含む community 名前空間や、各種ネットワーク機器やクラウドサービスなどのベンダー名の付いた名前空間があります。名前空間の中にコレクションがあり、先に述べたようにコレクション単位で入手ができます。たとえば MySQL の操作を行うモジュールが必要になった場合には、community.mysql コレクションをインストールして、その中のモジュールである community.mysql.mysql_db を使用することになるでしょう。このように機能に更新があった場合には、Ansible のパッケージには変更を加えずに、community.mysql コレクションだけをアップデートできます。

公式ドキュメントに解説のあるコレクションは下記のページで一覧できます。なお、第 3 章以降では、ansible.builtin や community.general などのコレクションに含まれるモジュールを使用します。個々のモジュールの使い方は、この公式ドキュメントからコレクション名、モジュール名をたどって確認してください。

参照：コレクションの公式ドキュメント

https://docs.ansible.com/ansible/latest/collections/index.html

2-1-3　Ansible コミュニティパッケージと ansible-core

Ansible は、Ansible コミュニティパッケージと ansible-core の 2 つの形態で配布されています。Ansible コミュニティパッケージは多数のコレクションを含んでおり、各コレクションには多数のモジュールやプラグインが含まれています。Ansible 2.9 以前と同様にインストール時点で多くの機能が有効になっている必要があれば、Ansible コミュニティパッケージを選択するのがよいでしょう。対して ansible-core には、最低限の機能である ansible.builtin コレクションのみが含まれています。基本機能で十分な場合や、必要なコレクションを後から個別にインストールしたい場合に選択するとよいでしょう。

■ パッケージのリリースサイクル

これら 2 つのパッケージは連携してリリースされています。新しい ansible-core のバージョン（例、2.14）のリリースに対応して、新しい Ansible コミュニティパッケージのバージョン（例、7.0.0）がその ansible-core をもとにしてリリースされます。Ansible コミュニティパッケージは、最新の 1 メジャーバージョンのみがメンテナンスされています。

Table 2-1　パッケージバージョンの対応（本書執筆時点）

Ansible コミュニティパッケージ	状態	依存する ansible-core
8.0.0	開発中	2.15
7.x	現在のバージョン	2.14
6.x	メンテナンス終了	2.13

2-2　Ansible のインストール

　それでは、コントロールノードに Ansible をインストールしてみましょう。細かな仕組みを学習するより、まずはインストールして触ってみることが理解への近道です。また、Ansible はバージョンの更新とともに、利用できるモジュールの増加や、改善が頻繁に行われています。そのため、是非最新の安定版をインストールして試してみることをお勧めします。

2-2-1　インストールの準備

　デフォルトでは、Ansible は SSH でターゲットノードをコントロールします。そのため、インストール時には構成管理情報のデータベースや、起動実行するための常駐デーモンも必要ありません。コントロールノードに Ansible をインストールし、ターゲットノード側に Python の実行環境さえ整っていれば、動作させることが可能です。これは、インストール時だけでなく、Ansible のバージョン更新の際にも大きなメリットをもたらします。つまり、コントロールノード側の Python のバージョンさえ管理すれば、どのバージョンへも移行可能ということになります。

　Ansible のリリースサイクルは、通常半年前後です。非常に短いリリースサイクルのため、緊急のセキュリティパッチを除くメジャーなバグに関しては、次のリリースに回されることもあります。リリースの状況を確認するには、脚注に示す URL を参照してください[1]。

■ インストール要件

　Ansible はコントロールノードとターゲットノードで、インストール要件が異なります。Python の実行環境に関しては、多くの Linux OS のディストリビューションがデフォルトの構成で条件を満たしています。一部、古いバージョンを利用している場合のみ、別途要件を満たすバージョン

---

[1]　Ansible のリリースとメンテナンスの状況
　　 https://docs.ansible.com/ansible/latest/reference_appendices/release_and_maintenance.html

の Python をインストールしてください。

◇ コントロールノードの利用要件

　Ansible は、ターゲットノード側でタスクを実行するため、コントロールノードは低スペックでも導入は可能です。そのため、CPU やメモリに関しての公式要件はなく、仮想サーバーでも物理サーバーでも動作します。あえて表記するならば、ターゲットノードとのネットワークが通信可能な状態であることです。ただし、大規模環境でタスクを複数ターゲットノードに並列で実装するような場合は、CPU リソースに注意しましょう。プレイブックの各タスクの条件分岐や外部ファイルの読み込み、テンプレートの生成などはコントロールノード側で処理され、CPU リソースを使用します。また、メモリはターゲットノード上の構成管理情報を保持するため、ターゲットノード台数が多いほど、そのリソースを消費します。

　コントロールノードの利用要件は、次のとおりです。

● Python 3.9〜3.11 のインストール

　以前は Python 2.7 でも Ansible は動作しましたが、Ansible Core バージョン 2.12 からは Python3 系が必要になりました。各 Linux ディストリビューションによって対応が異なるため、Python の対応状況を確認してからインストールを行ってください。また、Windows マシンはコントロールノードにすることはできません。

◇ ターゲットノードの利用要件

　ターゲットノードの要件に関しても、実行するタスク内容に依存するため、公式の推奨構成はありません。要するに、通常のオペレーション同様に、ターゲットノード側で処理が行えるだけのパフォーマンスが求められます。手動オペレーションでも負荷の高い作業は、Ansible で実行しても同様の負荷がかかります。

　ターゲットノードの利用要件は、次のとおりです。

● Python 2.7 または Python 3.5〜3.11 のインストール

　Python 2.7、または Python 3.5〜3.11 であれば、どのような機器でもターゲットノードとして管理できますが、デフォルトでは Ansible は SSH で接続を行うため sshd プロセスの起動が必要です。どの Python 環境が利用されるかは、設定項目「INTERPRETER_PYTHON」[2]により異なりま

＊2　INTERPRETER_PYTHON
https://docs.ansible.com/ansible/latest/reference_appendices/config.html#interpreter-python

49

す。デフォルトでは Interpreter Discovery[3]という機能により、ディストリビューションのバージョンに基づいて自動的に決まります。また、明示的な指定もできます。

ただし、これらの接続要件は、あくまで SSH 接続を行う場合であり、他の Connection プラグインを利用した接続要件は、それぞれのプラグインで異なります。

なお、ここまで説明した各ノードの利用要件は公式ドキュメントの Node requirement summary[4]にまとめられています。最新の情報は公式ドキュメントを参照してください。

■ 本書の環境

本書では、Ansible Core バージョン 2.14 を利用した実装方法を紹介します。

Ansible は Python をはじめさまざまなコンポーネントでできており、各コンポーネントの依存関係や環境によっては、本書の内容だけではうまく動作しなくなる可能性があります。その場合は、公式のドキュメントサイトも併せて確認してください。

また Ansible は、Linux、macOS など、さまざまな OS をサポートしています。本書では、コントロールノード、およびターゲットノードに関しては Rocky Linux 9（x86_64 版）を使用しますが、OS のインストール手順に関しては割愛します。

具体的な本書の動作環境は Table 2-2 と Figure 2-4 に示すとおりです。

Figure 2-4　本書の動作環境

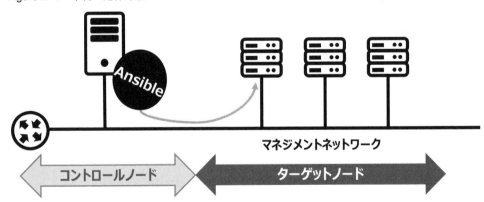

---

* 3　Interpreter Discovery
　　 https://docs.ansible.com/ansible/latest/reference_appendices/interpreter_discovery.html
* 4　Node requirement summary
　　 https://docs.ansible.com/ansible/latest/installation_guide/intro_installation.html#node-requirement-summary

Table 2-2　本書の対象ソフトウェア

種別	バージョン
Ansible Core	Ansible 2.14.5
Python	Python 3.9.14
Operating System	Rocky Linux 9.1

■ インストール方法の種類

Ansible のインストール方法は、主に以下の2種類が提供されています。

（1）各 OS ディストリビューションのパッケージマネージャからのインストール
（2）Python のパッケージマネージャからのインストール

　Ansible を既存の環境に適用するために利用したい場合は、Python のパッケージマネージャ（pip）を用いてインストールすることをお勧めします。OS のパッケージマネージャからのインストールでは、安定したパッケージを採用していますが、Ansible はリリースサイクルが早いため、最新バージョンへの対応も遅くなる傾向があります。これらの違いを十分理解した上で、環境に適した方法でインストールを行いましょう。

2-2-2　インストールの実施

　インストール手順は、OS や環境によって異なります。適切なインストール方法を選択してインストールを行いましょう。また、公式のドキュメントにもインストール方法が記載されています[5]。

■ OS パッケージマネージャからのインストール

　OS のパッケージマネージャを利用すると、OS の標準ライブラリに直接インストールされるため、root 権限での実行が必要です。最も簡単なインストール方法であり、各ディストリビューションに最適なバージョンがインストールできます。

＊5　Installation Guide
　　https://docs.ansible.com/ansible/latest/installation_guide/index.html

◇ dnf（rpm）を利用した Ansible のインストール

Red Hat Enterprise Linux（以降 RHEL）や Rocky Linux、Fedora のパッケージマネージャである、dnf コマンドによるインストール方法です。

◎ Rocky Linux 9.1 環境でのインストール方法

```
$ sudo dnf install ansible-core
```

■ Python パッケージマネージャからのインストール

Python のパッケージマネージャ（pip）を利用する場合は、venv を利用し、Python の仮想実行環境内に Ansible をインストールすることをお勧めします。この方法を利用することで、一般ユーザー権限での Ansible の操作や、異なるバージョンの Ansible を簡単に試すことができます。なお、pip は Ansible が依存する Python ライブラリを自動的に取得します。

◇ venv の仕組み

venv とは、同一の Python バージョンで異なる仮想環境を管理し、用途に応じて Python 環境を切り替えるためのツールです（**Figure 2-5**）。venv を利用することによって、同一バージョン内でもライブラリが異なる環境を作れます。また、OS の標準ライブラリにインストールされた Python ライブラリを維持したまま、自由に Python ライブラリのインストールや削除が可能です。ただし、venv は異なる Python のバージョンを切り替えるツールではありません。あくまで、同一 Python バージョン内で異なる Python ライブラリの利用環境を切り替えるためのツールです。異なるバージョン環境を切り替えるためには、pyenv も検討してください。

venv の仮想環境を作成し、有効化、無効化するコマンドを紹介します。

◎ venv の利用

```
$ python -m venv [環境名]          ## Python 仮想環境の作成
$ source [環境名]/bin/activate     ## venv の有効化
（環境名）$ pip list               ## 仮想環境内での操作例
（環境名）$ deactivate             ## venv の無効化
```

作成した環境は、環境名のディレクトリが作成されます。venv が有効化されている間は、プロンプトの先頭に作成した仮想環境名が表示されます。また、仮想環境を無効化することにより、通常の環境に戻り、仮想環境内でインストールした Python ライブラリの依存から開放されます。

Figure 2-5　venv の仕組み

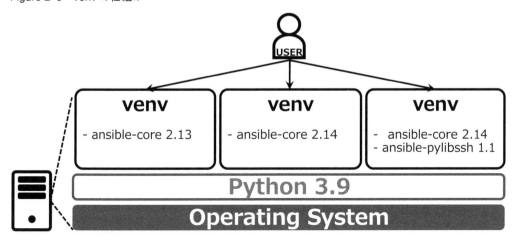

◇ **pip を利用した Ansible のインストール**

　それでは、pip を利用して venv 内に Ansible をインストールする方法を紹介します。まず、仮想実行環境を作成して Ansible をインストールしてみましょう。

◎　pip を利用したインストール方法

```
$ python3.9 -m venv venv
$ source venv/bin/activate
(venv) $ pip install --upgrade pip
...(略)...
(venv) $ pip install ansible-core
...(略)...
(venv) $ ansible --version
ansible [core 2.14.5]
...(略)...
```

　venv を活用した場合は、毎回 venv を有効化してから Ansible を利用するようにしてください。無効化された状態では、venv 内にインストールした Ansible を利用できません。また、サーバーへ再ログインすると venv が無効化されるため、Ansible を利用するには再度有効化が必要です。

　なお「pip install ansible-core」ではなく「pip install ansible」を実行すると、ansible-core に加えてさまざまなコレクションも一緒にインストールされます。本書では、まず最低限の機能をインストールし、必要に応じて新たにコレクションをインストールするため、ここでは「pip install ansible-core」とします。

2-3 Ansible の動作確認

インストールが完了すれば、早速動作確認を実施したいところですが、その前に事前準備を行います。Ansible の準備項目は多くありませんが、共用環境で利用する場合は、利用環境が煩雑にならないように利用者間で相談し、ルールを設けることをお勧めします。

2-3-1 事前準備

Ansible を利用する上で、事前に設定しておくべき準備作業を紹介します。なお、各章で紹介するコードに関しても、これらの事前設定が行われていることを前提として進めていきます。

特に、運用で注意すべきは次の項目です。あくまで一例ですが、環境に合わせて設定を行ってください。

- Ansible 運用ユーザーの作成
- SSH 公開鍵認証の設定
- 作業ディレクトリの作成
- ansible.cfg の設定

■ Ansible 運用ユーザーの作成

プレイブックで指定するタスクは、パッケージのインストールや OS の設定変更など、特権ユーザー権限が必要です。すべての作業を特権ユーザーで直接作業しがちですが、実環境では誤操作を考慮して Ansible 実行専用ユーザー（一般ユーザー）を作成し、必要に応じて権限を付与することをお勧めします。普段、運用オペレーションなどで利用している共通ユーザーなどがあれば、それを利用しても構いません。

本書では、すべての対象サーバーに ansible という一般ユーザーを作成し、状況に合わせて特権ユーザー権限を利用して作業を行います。

■ SSH 公開鍵認証の設定

Ansible は、SSH を利用してターゲットノードに接続を行います。通常、SSH ではユーザー名とパスワードを利用するパスワード認証を行いますが、公開鍵認証方式を使うことで、より安全な

通信を実現します。公開鍵認証とは、秘密鍵と公開鍵のペアを利用する認証方式です。パスワードを入力しないため、パスワードの盗難や推測などの攻撃を防ぐことができます。

Ansible を利用する場合は、コントロールノードがターゲットノードに接続を行うため、コントロールノード側で秘密鍵と公開鍵を作成し、ターゲットノード側に公開鍵を登録します。今回はより簡単に接続を行うため、秘密鍵のパスフレーズは省略しています。

◎ SSH 公開鍵認証の登録（コントロールノード）

```
$ ssh-keygen -t rsa
Generating public/private rsa key pair.
Enter file in which to save the key (/home/ansible/.ssh/id_rsa): Enter
Created directory '/home/ansible/.ssh'.
Enter passphrase (empty for no passphrase): Enter
Enter same passphrase again: Enter
Your identification has been saved in /home/ansible/.ssh/id_rsa.
Your public key has been saved in /home/ansible/.ssh/id_rsa.pub.

$ ssh-copy-id -o StrictHostKeyChecking=no -i $HOME/.ssh/id_rsa.pub localhost
/bin/ssh-copy-id: INFO: attempting to log in with the new key(s), to filter out
any that are already installed
/bin/ssh-copy-id: INFO: 1 key(s)remain to be installed -- if you are prompted n
ow it is to install the new keys
ansible@localhost's password: ## ansible 運用ユーザーのパスワードを入力

$ ssh-copy-id -o StrictHostKeyChecking=no -i $HOME/.ssh/id_rsa.pub [ターゲットノード]
```

利用するターゲットノードに対しても、同様に公開鍵の登録を行ってください。

■ 作業ディレクトリの作成

Ansible のプレイブックを利用する場合は、ディレクトリ構造は重要な意味を持ちます。

この後の章に関しても、各章にディレクトリを作成し、その中にプレイブックを配置します。また、本書のファイルの配置は、すべて effective_ansible ディレクトリにある章ごとのディレクトリ（sec2 など）配下に配置します。なお、本書の冒頭（■本書で使用するコード）で紹介した Git リポジトリ上のサンプルコードからダウンロードした場合は、作成する必要はありません。

◎ Ansible 用ディレクトリの作成（コントロールノード）

```
$ mkdir -vp PATH_TO/effective_ansible/sec2/
mkdir: ディレクトリ 'PATH_TO/effective_ansible' を作成しました
mkdir: ディレクトリ 'PATH_TO/effective_ansible/sec2' を作成しました
```

◎　Git リポジトリ上からダウンロード（コントロールノード）

```
$ git clone https://gitlab.com/cloudnative_impress/ansible-tutorial.git
$ cd ./ansible-tutorial/effective_ansible
```

■ ansible.cfg の設定

　Ansible の設定ファイル（ansible.cfg）は、置く場所によって読み込まれる優先順位が異なります。具体的には、以下の順番で ansible.cfg を検索します。ホームディレクトリの場合のみ、ファイル名の先頭に「.（ドット）」（隠しファイル表記）が付く点に注意してください。

(1) 環境変数にファイルパスを設定(例：ANSIBLE_CONFIG=/usr/local/ansible/conf/ansible.cfg)
(2)　カレントディレクトリ（./ansible.cfg）
(3)　ホームディレクトリ（$HOME/.ansible.cfg）
(4)　/etc/ansible/ansible.cfg

　OS のパッケージマネージャでインストールした場合、設定ファイルは/etc/ansible/ディレクトリ配下に配備されますが、pip でインストールした場合は、設定ファイルが存在しません。どのインストール方法においても、プレイブックの動作と整合性を取るために、プレイブックとセットで管理することをお勧めします。
　また、デフォルトのパラメーターの内容でも問題はありませんが、少し値を変更することで利便性が高まります。まずは次のように設定をしてみましょう。

Code 2-3　$HOME/.ansible.cfg

```
1: [defaults]
2:
3: forks = 15
4: log_path = $HOME/.ansible/ansible.log
5: host_key_checking = False
6: gathering = smart
```

　よく利用するパラメーターの内容は、Table 2-3 に示したとおりです。環境に合わせて適切に変更してください。

Table 2-3　ansible.cfg のパラメーターの例（すべて [defaults] セクション内）

設定パラメーター	デフォルト値	内容
forks	5	ターゲットノードの並列処理を行うプロセス数を設定する。値が大きいほど、並列に速く処理を行えるが、値が大きすぎると CPU やネットワーク負荷につながる
log_path	-	ansible 実行コマンドログの配置場所を設定する。Ansible の実行ユーザーがログファイルへのアクセス権限を持っているか、要確認
host_key_checking	True	ターゲットノードに SSH 接続する際の公開鍵のフィンガープリントチェックを行う
gathering	implicit	ターゲットノードの詳細情報取得に関する設定を行う ● implicit 　キャッシュが無視され、PLAY で指定しない限り情報収集が行われる ● explicit 　PLAY で指定しない限り、情報収集が行われない ● smart 　新規に接続したときのみ情報収集を行い、キャッシュがある場合は情報収集を行わない
transport	smart	ターゲットノードへの接続方法の設定を行う ● smart 　OpenSSH が ControlPersist 機能対応時は「OpenSSH」接続を行い、未対応であれば、Python モジュールの「paramiko」を利用して接続を行う ● paramiko 　Python の SSH 機能で、アクションのたびに各ホストに再接続を行う ● local 　SSH を利用せずに、直接ローカルホストに接続を行う

　この他にも、Ansible の機能を活かすために重要なパラメーターがあります。パフォーマンスチューニングに関するパラメーターは、第 5 章でも紹介します。本書で取り扱いができなかった設定に関して、以下の公式サイトを参照してください。

参照：Ansible Configuration マニュアル

https://docs.ansible.com/ansible/latest/reference_appendices/config.html

2-3-2 コマンドを実行してみる

では、実際にコマンドを入力しながら、Ansible の動作を確認していきましょう。

■ ansible コマンドの実行

ansible コマンドは、プレイブックを用意せずに直接モジュールを指定するコマンドです。

はじめに、接続可能なターゲットノードの情報を記載したインベントリを作成します。ここでは動作確認としてコントロールノード自身を示す localhost と、後でプレイブックを実行する対象として test_servers というグループを指定します。ターゲットノードの IP アドレスは、環境に合わせて適宜変更が必要です。また、新しくターゲットノードを用意した場合は、SSH の認証方式には注意してください。

Code 2-4　./sec2/inventory.ini

```
1: localhost
2:
3: [test_servers]
4: 192.168.0.101
```

インベントリに実行ユーザーとパスワードを指定することも可能ですが、事前準備で SSH 公開鍵の配布を行うことによって、設定を行わずに操作できます。また、パスワード認証にて都度パスワードを入力する場合は、ansible コマンドに「--ask-pass」（または「-k」）オプションを付けて実行してください。

まずは、「ansible.builtin.ping」モジュールを利用したコマンドを実行しましょう。このモジュールはターゲットノード側で ping の疎通確認を行うモジュールです。

◎　ansible コマンドの動作確認 01（コントロールノード）

```
$ cd PATH_TO/effective_ansible/sec2
$ ansible -i inventory.ini localhost -m ansible.builtin.ping
localhost | SUCCESS => {
    "ansible_facts": {
        "discovered_interpreter_python": "/usr/bin/python3"
    },
    "changed": false,
    "ping": "pong"
}
```

　上記のように、「localhost | SUCCESS」と表示されれば、接続成功です。Ansible としての疎通を確認しているだけなので、このコマンドでは何の変更も行われていません（"changed": false）。なお、ansible.builtin.ping モジュールは ICMP による疎通確認ではありません。SSH で接続し、ターゲットノードで Python を実行できることを確認します。そのため、ユーザー名やパスワードのような認証情報も正しく指定しておく必要があります。

　今度は、テストファイルの作成を行ってみましょう。ファイル操作に関しては、「ansible.builtin.file」モジュールを利用します。作成するファイルの指定は、アーギュメントオプション「-a」を付けて実行します。

◎　ansible コマンドの動作確認 02

```
$ cd PATH_TO/effective_ansible/sec2
$ ansible -i inventory.ini localhost -m ansible.builtin.file \
  -a 'path=$HOME/test.txt state=touch mode=0644'
localhost | CHANGED => {
    "ansible_facts": {
        "discovered_interpreter_python": "/usr/bin/python3"
    },
    "changed": true,
    "dest": "/home/ansible/test.txt",
    "gid": 10,
    "group": "wheel",
    "mode": "0644",
    "owner": "ansible",
    "secontext": "unconfined_u:object_r:user_home_t:s0",
    "size": 0,
    "state": "file",
    "uid": 1001
}
$ ls -la /home/ansible/test.txt
-rw-r--r--. 1 ansible wheel 0 Apr 20 18:07 /home/ansible/test.txt
```

　成功すると変更結果が表示されます。（"changed": true）そして、test.txt という空のファイルが作成されていることが確認できます。アーギュメントを変えることによって、ファイルの更新や削除操作などもできるため、複数のターゲットノードに一度でオペレーションを行うときにも、とても効果的なコマンドです。

　ansible コマンドでは、root 権限の必要なオペレーションも実行可能です。ここまでは自身の権限さえあれば実行可能な作業を紹介しましたが、root 権限の必要な OS のユーザー作成を行ってみましょう。OS のユーザー管理には ansible.builtin.user モジュールを利用します。ansible.builtin.user モジュールには、主に以下のアーギュメントが用意されています。

- user：ユーザー名を指定
- groups：所属グループを指定
- append：groups で指定したグループ以外を除外しないかを指定
- comment：ユーザーの詳細を指定

　ansible.builtin.user モジュールをこれまでと同様に実行すると、実行者の root 権限がないために失敗してしまいます。そのため、root 権限が必要なものは「-b」（become）オプションを利用し、特権で作業を実行します。また、become オプションと合わせて、「-K（大文字の K）」オプションで BECOME パスワードを指定します。なお、これらのオプションを利用するためには、事前にターゲットノード側で実行者が sudo 権限を持っている必要があります。

◎　ansible コマンドの動作確認 03

```
$ cd PATH_TO/effective_ansible/sec2
## root 権限が必要なものは、権限がなくて失敗する
$ ansible -i inventory.ini localhost -m ansible.builtin.user \
  -a 'user=user01 groups="wheel" append=true comment="Test User01"'
…
    "msg": "usermod: Permission denied.\nusermod: cannot lock /etc/passwd;
 try again later.\n",
    "name": "user01",
    "rc": 10
}

## root 権限が必要なものは、become オプションで sudo を利用
$ ansible -i inventory.ini localhost -m ansible.builtin.user \
  -K -b -a 'user=user01 groups="wheel" append=true comment="Test User01"'
BECOME password: <sudo password を入力してエンター>
localhost | CHANGED => {
…
    "changed": true,
    "comment": "Test User01",
    "create_home": true,
    "group": 1002,
    "groups": "wheel",
    "home": "/home/user01",
…
$ id user01
uid=1002(user01) gid=1002(user01) groups=1002(user01),10(wheel)
```

　become オプションは、ansible コマンドだけでなく、ansible-playbook コマンドを利用するときも同様です。今回はコマンド実行時に指定しましたが、プレイブックを活用することで、こ

れらのオプションをあらかじめ定義しておくことも可能です。

ここまでの作業がうまく行われたら、確認作業で作成したものを削除しておきましょう。

◎ ansible コマンドの後処理

```
$ ansible -i inventory.ini localhost -m file \
  -a 'path=$HOME/test.txt state=absent'

$ ansible -i inventory.ini localhost -m user -K -b \
  -a 'user=user01 state=absent'
BECOME password: <sudo password>
```

■ ansible-playbook コマンドの実行

「ansible-playbook」コマンドは、プレイブックを実行するコマンドです。

まずは、プレイブックを作成します。今回は、リモートホストである test_servers グループを対象とした操作を確認します。

今回のプレイブックのタスク内容は、各ターゲットノードにディレクトリを作成し、コントロールノードにある hosts ファイルをコピー転送します。

Code 2-5　./sec2/test_playbook.yml

```
 1: ---
 2: - hosts: test_servers
 3:   tasks:
 4:     - name: Create directory
 5:       ansible.builtin.file:
 6:         path: /home/ansible/tmp
 7:         state: directory
 8:         owner: ansible
 9:         mode: "0755"
10:
11:     - name: Copy file
12:       ansible.builtin.copy:
13:         src: /etc/hosts
14:         dest: /home/ansible/tmp/hosts
15:         owner: ansible
16:         mode: "0644"
```

インベントリとプレイブックを作成した後に、ansible-playbook コマンドを実行します。

◎　ansible-playbook コマンドの動作確認 01（コントロールノード）

```
$ ansible-playbook -i inventory.ini test_playbook.yml

PLAY [test_servers] *************************************************

TASK [Gathering Facts] **********************************************
ok: [192.168.0.101]

TASK [Create directory] *********************************************
changed: [192.168.0.101]

TASK [Copy file] ****************************************************
changed: [192.168.0.101]

PLAY RECAP **********************************************************
192.168.0.101   : ok=3  changed=2  unreachable=0  failed=0  skipped=0  rescued=0
ignored=0
```

　コマンドが成功すると、変更結果とサマリーが表示されます。試しに、ターゲットノード側にログインし、作成されたディレクトリとコピーされたファイル（/home/ansible/tmp/hosts）を確認してみてください。コントロールノード側の hosts ファイルが置かれているのではないでしょうか。このように、プレイブックでは、記載した順に処理が行われます。プレイブックと実行処理結果の関係は Figure 2-6 のとおりです。

Figure 2-6　プレイブックと実行結果の関係

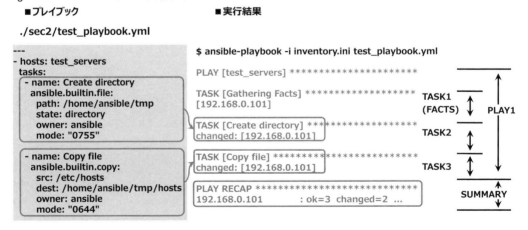

プレイブックの実行は、大きく4つに分類されます。

- PLAY

    ターゲットノードグループごとに行うタスクのまとまりを示します。今回の例では、「test_servers」グループを対象とした PLAY だけですが、1つのプレイブックの中で複数の PLAY を実行することも可能です。

- TASK

    個々のタスクは、すべてのターゲットノードで処理が行われます。タスクがある数の分だけ、モジュールを実行しています。

    また ansible コマンドのように標準出力がすべて表示されるのではなく、タスクの結果のみが表示されるところが大きな違いです。

- PLAY RECAP

    ansible-playbook コマンドでは、すべての PLAY 実行後に最終的な実行結果が表示されます。

「PLAY RECAP」には、Table 2-4 に示した実行結果のカウンタが表示されます。

Table 2-4　Ansible の実行結果

実行結果	ステータス	処理に対する結果内容
ok	成功	すでに定義された状態になっているため、処理を行わなかった
changed	成功	タスクで指定したステータスと異なっていたため、変更を行った
skipped	成功	タスクの実行条件に当てはまらなかったため、処理を行わなかった
rescued	成功	rescue（「3-2-5 タスクのグループ化」にて説明）によって実行された
ignored	成功	ignore_errors（「3-2-4 特殊なディレクティブ」にて説明）によってエラーが無視された
unreachable	失敗	ターゲットノードに接続ができなかった
failed	失敗	タスクを行った結果、何らかのエラーが発生し、定義された状態にならなかった

また、そのままの状態で、同じ ansible-playbook コマンドを実行してみてください。変更（changed）はなくなりすべて ok と返ってきます。これが、第1章で紹介した**冪等性**です。このように、Ansible は何度同じ操作を行っても、状態に変更がない限り何も行わない性質を持っています。

2-4　　まとめ

　本章では、Ansible の基礎をひと通り説明しました。次章以降で、複雑な管理対象、実際の運用方法に関しても詳しく紹介しますが、基本的な動作は本章の内容でカバーしています。Ansible を使う際には、実行したいタスクを定義して、コマンドを入力するというシンプルな作業を繰り返しながら、オペレーションを行っていきます。

　自動化を推進する局面においては、Ansible が魔法のツールのように表現されることがあります。しかし、実際は Ansible の導入自体が、自動化の推進ではありません。いかにシンプルにオペレーションをコード化し、メンバが共通の認識で作業を行えるのかといったノウハウこそが、自動化推進の第一歩なのです。これは Ansible に限らず、自動化に関するすべてのツールに対しても同様のことが言えます。是非、そのことを意識しながら、次章以降を読み進めてみてください。

第3章
プレイブックと
インベントリ

　前章では Ansible をインストールし、簡単なプレイブックを実行することで、Ansible の仕組みを紹介しました。Ansible を利用して自動化を図るためには、インベントリとプレイブックの定義が欠かせません。本章では、これらの記述方法を学び、実践でもプレイブックの構文が理解できることを目的とします。

　まずはインベントリの構文を理解し、ターゲットノードを効率良く管理しましょう。インベントリでは個々のターゲットノードを指定するだけでなく、グループ化された、複数のターゲットノードを管理できます。特に大規模環境では、さまざまなグループを使い分けてターゲットノードを分類する必要があります。

　一方、プレイブックはタスクを定義する YAML ファイルです。YAML の書式はシンプルかつ読みやすく設計されているため、プログラミング未経験でも、すぐに理解できます。また、プレイブックにはディレクトリ構造によって、誰もが共有して運用できる仕組みが備わっています。ここでしっかりと基礎を学び、共通言語としてのプレイブックを身につけていきましょう。

3-1 インベントリの基礎

Ansible を利用する際は、インベントリの定義から始めます。インベントリでは、INI 形式もしくは YAML 形式で、ターゲットノードの接続情報を定義します。本書では、便宜上 INI 形式で記載したインベントリを紹介します。

デフォルトのインベントリには、「/etc/ansible/hosts」が利用されます。また、カスタマイズしたインベントリを利用する場合は、ansible コマンド、および ansible-playbook コマンド実行時に、インベントリのパスを明示的に指定（オプション「-i」）します。

3-1-1 ホストのグループ化

役割が共通のサーバー群や本番環境と開発環境など同じ設定を行うサーバー群をグルーピングしておくことにより、グループ化されたターゲットノードに対して同一の処理を実行できます。

グループを定義するには、"[ ]" でグループ名を囲み、その下に IP アドレスやホスト名を列挙します。また、グループには階層を付けることも可能です。上位グループは、"[グループ名:children]" と表記し、その下に、下位グループ名を列挙することで、階層型のグループ構成を表現できます。これにより、個々のグループに処理を実行しなくても、複数グループに一括で処理を行うことも可能です。具体的には、Code 3-1 のように定義します。

Code 3-1　インベントリグループの例: ./sec3/group_inventory.ini

```
 1: [web_servers]        ## グループ名
 2: 192.168.101.[1:5]    ## グループのターゲットノード
 3:                       ## 192.168.101.1 ～ 192.168.101.5
 4: [oracle]
 5: oracle101
 6: oracle102
 7:
 8: [mysql]
 9: mysql-[a:d]     ## mysql-a, mysql-b, mysql-c, mysql-d
10:
11: [db_servers:children]     ## oracle、mysql の上位グループ
12: oracle
13: mysql
```

このグループ定義を図にしたものが、Figure 3-1 です。いくつものグループを階層化することも可能ですが、グループの重複などにより定義が複雑になるため、利用するメンバ同士が分かり

やすいグループ設計を作ることをお勧めします。

　なお、すべてのターゲットノードは暗黙に、[all] というグループに属します。

Figure 3-1　ターゲットノードのグルーピング

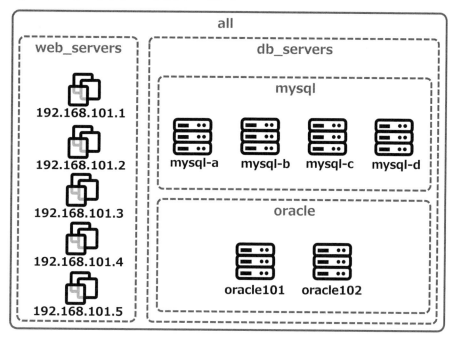

　大規模環境では、1 台ずつターゲットノードを定義していくとインベントリが長くなり、可読性が損なわれてしまいます。よって、サーバーの命名規則が決まっている場合などは、Code 3-1 で 1 から 5 までを [1:5] と記述しているように、サーバー名をまとめて定義すると効率的です。一方、クラウド上のサーバーのように動的に追加、削除されるような環境向けには、**ダイナミックインベントリ**（Dynamic Inventory）という API を利用したインベントリが用意されています[*1]。

　インベントリで定義されたターゲットノードやグループは、あくまで対象ノードを選択できるリストにすぎません。ansible コマンド実行時の引数、もしくはプレイブックの Targets セクションでホストパターンとして指定することにより、ターゲットノードが選択されます。このホストパターンでは、正規表現を使った細かな指定もできるため、インベントリでは複雑なグループ構成を作らず、タスク実行対象となり得るターゲットノードを Ansible に知らせることを優先してください。

＊ 1　Working with dynamic inventory
　　https://docs.ansible.com/ansible/latest/inventory_guide/intro_dynamic_inventory.html

3-1-2　ホスト変数とグループ変数

　ターゲットノードやグループは、環境によって接続ユーザーや接続方法が異なる場合があります。また接続情報だけに限らず、特定のホストに対して固有の環境情報を指定したい場合なども
あります。こうした場合には、インベントリ変数を活用しましょう。

　インベントリ変数では、各ノードやグループに対して固有の変数が定義できます。また、指定
する対象によって、以下のように名前が分かれています。

- ホスト変数（Host Variables）

  ターゲットノード固有に適用される変数。インベントリでは、ターゲットノードの後ろに
  定義します。

- グループ変数（Group Variables）

  グループ全体に適用される変数。インベントリでは、"[グループ名:vars]"というセクショ
  ンを作成し、その下に変数を列記します。

　複数のターゲットノードに同じ設定を行う場合は、1 台ずつ個別にホスト変数を割り当てるの
ではなく、グループ変数を利用して割り当てるようにしましょう。

Code 3-2　インベントリ変数の例: ./sec3/var_inventory.ini

```
 1: [web_servers]
 2: 192.168.101.[1:5]
 3:
 4: [oracle]
 5: oracle101 ansible_host=192.168.201.1    ## [ホスト変数] oracle101 の SSH 接続 IP
 6: oracle102 ansible_host=192.168.201.2    ## [ホスト変数] oracle102 の SSH 接続 IP
 7:
 8: [mysql]
 9: mysql-[a:d]
10:
11: [db_servers:children]
12: oracle
13: mysql
14:
15: [web_servers:vars]
16: ## [グループ変数] "http_port"の設定
17: http_port=8080
18:
19: [all:vars]
20: ## [グループ変数] すべてのサーバーの SSH 接続ポートを設定
```

```
21: ansible_port=1022
22: ## [グループ変数] すべてのサーバーの SSH 接続ユーザーを設定
23: ansible_user=ansible
```

　また、ホスト変数とグループ変数には、ユーザーが固有に設定できるユーザー定義変数とター
ゲットノードへの接続を制御するための接続変数（behavioral inventory parameters）が存在します。
Code 3-2 では、「`http_port`」がユーザー定義変数に当たり、「`ansible_host`」「`ansible_port`」
「`ansible_user`」などが接続変数に当たります。これらの接続変数には、Table 3-1 のようなパラ
メーターがあらかじめ定義されており、SSH 接続に関する設定が行われます。

Table 3-1　主な接続変数

カテゴリ	接続変数	デフォルト値	概要
ターゲットノード接続	ansible_connection	smart	Connection プラグインを利用したターゲットノードへの接続方法を設定する。SSH を利用しない「local」や「docker」、ネットワーク機器向けの「network_cli」などに変更可能[1]
SSH 接続	ansible_host	–	ターゲットノードの名前や、エイリアス名を設定する
SSH 接続	ansible_port	22	ターゲットノードの SSH ポートを設定する
SSH 接続	ansible_user	コマンド実行ユーザー	SSH 接続するユーザー名を設定する
SSH 接続	ansible_password	–	SSH パスワード認証のパスフレーズを設定する
Privilege 設定	ansible_become	false	特権実行を行うかどうかを設定する
Privilege 設定	ansible_become_user	–	タスクを実行する特権ユーザーを設定する
Privilege 設定	ansible_become_password （または ansible_become_pass）	–	特権ユーザーになるためのパスフレーズを設定する
ターゲットノード環境	ansible_shell_type	sh	ターゲットノードの Shell のタイプを選択する
ターゲットノード環境	ansible_python_interpreter	auto	ターゲットノードの Python のパスや自動検出モードを指定する。自動検出を有効にした場合、Interpreter Discovery 機能により検出される[2]

[1]　Connection プラグイン一覧
https://docs.ansible.com/ansible/latest/collections/index_connection.html
[2]　Interpreter Discovery
https://docs.ansible.com/ansible/latest/reference_appendices/interpreter_discovery.html

　この他にも、細かな接続変数がインベントリには用意されています。公式のドキュメントも併せて参照ください[*2]。

　インベントリの設定は、常にシンプルに保つようにしましょう。特に、ホスト変数を個別に設定しすぎると保守性が損なわれていくので注意が必要です。できる限りインベントリはホスト接続に関する情報のみを定義するファイルとし、変数に関しては次に説明するように別途インベントリ変数用のファイルを活用することをお勧めします。

3-1-3　インベントリ変数のファイル分割

　インベントリの中で定義していたホスト変数やグループ変数は、個別の YAML ファイルに分割できます。これによって、INI 形式で記載されたインベントリにはターゲットノードへの接続情報のみを記載し、ターゲットノードごとの変数は別 YAML ファイルとしてまとめられます。ただし、Ansible が動的に読み込みを行うためには、指定のディレクトリ構造とファイルの命名規則に則って定義する必要があります。

■ インベント変数のディレクトリ構造

　変数のディレクトリとファイルの命名規則は以下のとおりです。

- グループ変数

　group_vars というディレクトリ配下に、「group_vars/<グループ名>.yml」または、「group_vars/<グループ名>/XXX.yml」という名前で YAML ファイルを配置

- ホスト変数

　host_vars というディレクトリ配下に、「host_vars/<ホスト名>.yml」または、「host_vars/<ホスト名>/XXX.yml」という名前で YAML ファイルを配置

　たとえば、**Code 3-3** のようなインベントリを定義した場合は、それぞれのグループ名やホスト名を対象としたファイルを作成します。

＊2　behavioral inventory parameters
　　https://docs.ansible.com/ansible/latest/inventory_guide/intro_inventory.html#connecting-to-hosts-behavioral-inventory-parameters

Code 3-3　インベントリの例: ./sec3/inventory.ini

```
1: [web_servers]          ## グループ名
2: 192.168.101.[1-3]      ## 192.168.101.1 ～ 192.168.101.3
3:
4: [db_servers]           ## グループ名
5: mysql-[a:c]            ## mysql-a、mysql-b、mysql-c
```

◎　インベントリ変数のディレクトリ構造

```
./sec3/
  ├── inventory.ini              # インベントリファイル
  ├── group_vars                 # グループ変数用のディレクトリ
  │   ├── all.yml                # すべてのホストの変数
  │   ├── web_servers.yml        # web_servers のグループ変数
  │   └── db_servers.yml         # db_servers のグループ変数
  └── host_vars                  # ホスト変数用のディレクトリ
      ├── 192.168.101.1.yml      # 192.168.101.1 用のホスト変数
      ├── 192.168.101.2.yml      # 192.168.101.2 用のホスト変数
      ├── 192.168.101.3.yml      # 192.168.101.3 用のホスト変数
      ├── mysql-a.yml            # mysql-a 用のホスト変数
      ├── mysql-b.yml            # mysql-b 用のホスト変数
      └── mysql-c.yml            # mysql-c 用のホスト変数
```

　また、すべてのホストは all というグループに所属するため、group_vars ディレクトリに all.yml というファイルを定義することによって、すべてのホストに適用される変数を指定できます。

　変数定義は、YAML 形式で記載を行うことによって、INI 形式では表現できなかったネストなどの複雑な変数定義を行うこともできます。YAML の書式や変数定義の詳細については、「3-2 プレイブックの基礎」を参照してください。

Code 3-4　ホスト変数の例: ./sec3/host_vars/mysql-a.yml

```
1: ---
2: mysql_port: 3306
3: mysql_bind_address: "0.0.0.0"
4: mysql_root_db_pass: ansible
```

3-2 プレイブックの基礎

　インベントリを作成したら、次にプレイブックを作成します。ここでは、プレイブックの基本となる記述方法を紹介します。プレイブックは YAML 形式の定義ファイルのため、まずは YAML の書式を知ることが重要です。プレイブックの書式は一からすべてを覚えるのではなく、実際に手を動かしながら Ansible を利用する環境に合わせて調べることが上達への近道です。まずは動作する環境を作成し、Ansible で実行したい処理を試しながら理解していきましょう。

3-2-1 YAML の基本

　YAML とは構造化データの表現方法であり、簡単に言うとデータ形式の一種です。YAML は、読みやすく・書きやすく・分かりやすいという特徴があり、プログラミング未経験者でもすぐに記述できる構文となっています。Ansible ではプレイブックの記述形式として利用されていますが、その他のツールでも設定ファイルやデータ交換用フォーマットとして幅広く活用されています。

　はじめに YAML の基本的な規則から紹介します。

- データ形式

　データ形式は、インデントによって階層構造を示す**シーケンス**、**マッピング**と、それ以外のデータを示す**スカラー**を組み合わせてデータを表現します。あまり馴染みのない方には、設定ファイルの書式と捉えて構いません。重要なことは、スペースによるインデントを正確に行わないと、プレイブックの一連の作業を表現できないということです。インデントに使われるスペースの数に制限はなく、2 文字または 4 文字分がよく利用されますが、スペースの代わりにタブを利用すると構文エラーが発生するので注意しましょう。

- 表記方法

　YAML には、インデントと改行を利用して構造を表現する**ブロックスタイル**と、「｛｝」や「[ ]」などの JSON スタイルで構造を表現する**フロースタイル**があります。プレイブックでは、両方の記載方法が利用できますが、通常は可読性の高いブロックスタイルを利用します。

Figure 3-2　YAML のデータ形式

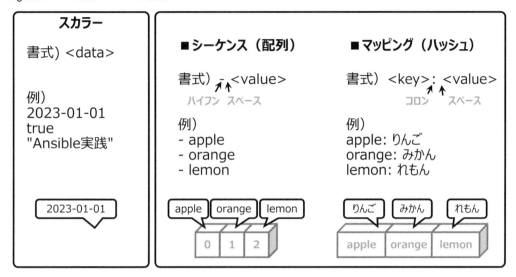

Code 3-5　YAML の表記例

```
1:   ##ブロックスタイル（本書で利用）
2:   tasks:
3:     - name: Create Group
4:       ansible.builtin.group:
5:         name: management
6:
7:   ## フロースタイル
8:   tasks: [{name: Create Group, ansible.builtin.group: {name: management}}]
```

- YAML のバージョン

　　本書執筆時点の YAML の最新バージョンは 1.2 です。しかし、Ansible では、PyYAML を利用しており、内部的に libyaml がバインドされています。この libyaml は、YAML のバージョン 1.1 ベースのパーサーを使用するため、プレイブックは YAML 1.1 の書式に従います[3]。

- コメント

　　YAML では「#」（シャープ）から行末までをコメントとしてみなします。なお、範囲指定のコメント表記は YAML にはありません。複数行をまとめてコメントアウトする場合は、

＊ 3　YAML 1.1 の書式
　　https://yaml.org/spec/1.1/

73

エディタの機能を利用してコメント行に変換する方法が便利です（Windows 版 Visual Studio Code の場合は行選択して Ctrl+/）。

Code 3-6　YAML のコメント例

```
1: # コメントを記載(コメント)
2: - hosts: web_servers              # Web サーバーに適用(コメント)
3:   tasks:                          # タスクを記載(コメント)
4:    - name: pingテストモジュールの適用
5:      ansible.builtin.ping:        # PING モジュールの利用(コメント)
```

- 開始、終了表記

　　YAML ファイルは、はじめに「---」（ハイフンを 3 つ）から開始し、「...」（ドットを 3 つ）で定義文を終了する構造です。したがって、「...」以降は本来 YAML として解釈されません。これらがなくても、プレイブックは YAML を前提として解釈されるため、問題はありませんが、開始には「---」を付けることをお勧めします。

■ シーケンスとマッピングの書式

　YAML では配列を「シーケンス」、連想配列（ハッシュ）を「マッピング」と呼んでいます。Ansible のドキュメントでは、「シーケンス」のことを「リスト」、「マッピング」のことを「ディクショナリ（辞書）」と記載していますが、同じものを指します。本書では、YAML の構文に従い、「シーケンス」と「マッピング」で表記します。

- シーケンス（配列）

　　先頭に「-」（ハイフン）を付けて値を列挙することにより、配列やリストを表現します。

> 　ハイフンの後ろには、「スペース」が必要です。

Code 3-7　シーケンス書式例

```
1: - ## 値のない行の後にインデントとハイフンを使うとネスト（入れ子）構造になる。
2: ␣ - Kansai
3: ␣ - Kyushu
```

```
 4: ␣-
 5: ␣␣␣-␣Tokyo
 6: ␣␣␣-␣Kanagawa
 7: ␣␣␣-␣Chiba
 8: ␣-
 9: …
10: …
```

- マッピング（ハッシュ）

  Key の後に「:」（コロン）を付けて値を記述することにより、ハッシュを表現します。

> コロンの後ろには、「スペース」が必要です。

Code 3-8　マッピング書式例

```
1: fruit:    ## この行には値を代入できない。
2: ␣apple:␣りんご
3: ␣orange:␣みかん
4: ␣lemon:␣れもん
5: ␣␣…:␣…
```

　シーケンスやマッピングはスペースでインデントすることにより、ネストを表現できます。ただし、マッピングでネストを利用する場合は、ネストした後の配列が上位の Key の値となるため、Key と同じ行で値を代入することはできません。また、プレイブックでは、シーケンスとマッピングが単体で利用されることはなく、組み合わせて利用されます（Figure 3-3）。

■ スカラーの書式

　スカラーはデータ型であり、値によって以下のデータ型が自動的に判別されます。変数の型の指定はないため、Ansible を利用する上では、あまり意識する必要はありません。

- 文字列
- 数値（整数、浮動小数点）
- 真偽値
- Null 値

Figure 3-3　シーケンスとマッピングのデータ形式

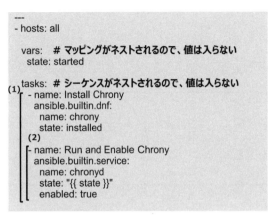
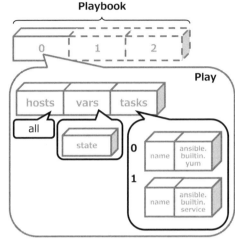

(1) マッピングの中にシーケンスをネスト
(2) シーケンスの中にマッピングをネスト

● 日付

この中でも特に、Ansible のプレイブックで利用される値が、「文字列」と「真偽値」です。

● 文字列

　文字列を表現したい場合は、シングルクォートかダブルクォートで囲みます。ダブルクォートの場合のみ、エスケープシーケンスを利用した表記が可能です。

　また、Ansible では長いコマンドを表記する際や、複数の連続したアーギュメントを持つモジュールを利用する場合に、文字列の折り返し構文を使用できます。YAML で記述が可能な折り返し構文は、リテラルスタイル（Literal Style）と折りたたみスタイル（Folded Style）の2 種類です。リテラルスタイルは、「|」（パイプ）を利用し、その後の改行を文字列上の改行としてみなす構文です。一方、折りたたみスタイルは、「>」（大なり）記号を利用し、その後の改行をスペースと置き換える構文です。さらに、通常はこれらに「-」(ハイフン) を加えることにより、最終行の対象の文字列から末尾の改行文字を削除します（chomp）。

Code 3-9　スカラー書式例

```
1:    ## 長いコマンドの実行
2:    - name: Long command
3:      ansible.builtin.shell:
```

```
 4:        cmd: git clone https://github.com/ansible/ansible.git --recursive;⇒
 5: cd ./ansible; make install
 6:
 7:    ## リテラルスタイルの活用: 文字列としての改行を含む後続 3 行を Key の値とし、
 8:    ## 最終行の改行コードを削除
 9:    - name: Using literal style
10:      ansible.builtin.shell:
11:        cmd: |-
12:          git clone https://github.com/ansible/ansible.git --recursive
13:          cd ./ansible
14:          make install
15:
16:    ## 折りたたみスタイルの活用: 改行をスペースに変換し、最終行の改行コードを削除して 1 行とする
17:    - name: Using folded style
18:      ansible.builtin.command:
19:        cmd: >-
20:          git
21:          clone
22:          https://github.com/ansible/ansible.git
23:          --recursive
```

- 真偽値

「true」「yes」「on」「1」は TRUE、「false」「no」「off」「0」は FLASE として取り扱われ
ます。またこれらの文字の大文字表記も同様に認識されます。参照するサイトや書籍の情報
によって、真偽値の表記方法が本書と異なることがあります。ただしプレイブック内では、
「true/false」を使うのが一般的です。こうしたルールを統一しておくことをお勧めします。

ここまでの書式が理解できれば、Ansible を利用するための YAML の知識は十分です。続けて
プレイブックを定義しながら、理解を深めていくことにしましょう。

3-2-2　プレイブックの構造

プレイブックは、ターゲットノード側で実行したい処理の流れを記載するファイルですが、厳
密にはプレイ（Play）と呼ばれる処理の塊をシーケンスとして並べたものとも言えます（Figure
3-4）。1 つのプレイの中では、複数のタスクを定義し、そのタスクを実行したいホストやグルー
プに関連付けることにより、一連の作業を実行できます。よって、プレイではターゲットノード
の特定（hosts）とタスクの定義（tasks）が必須です。これらは、それぞれ以下のセクションの中

で定義されます。

- Targets セクション：ターゲットノードの特定（hosts）
- Tasks セクション：処理の定義（tasks）

さらに、プレイには複雑な処理を実行するために補助的な構成要素が用意されています。主に利用するのが、実行制御（handlers）と動的な値（vars）を定義する以下のセクションです。

- Handlers セクション：実行制御処理（handlers）
- Vars セクション：変数の設定（vars）

Figure 3-4　プレイブックの構成

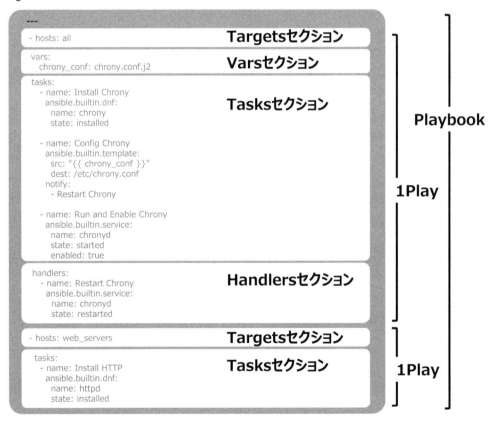

プレイは、基本これら4つのセクションから構成されています。なお、プレイの中では、Keyとその値によって処理を定義します。この Key のことをディレクティブ（Directive）と呼び、ど

こに書いてもよいものではなく、それぞれディレクティブの種類によって、定義できる場所が決まっています。これにより、必然的にプレイブックのフォーマットを統一することが可能です。「ディレクティブ」という名前は、ドキュメントによって「プレイブックキーワード（Playbook Keyword）」や「キー（Key）」と表記される場合もありますが、本書ではディレクティブという名前を利用します。

　各ディレクティブはセクションとは異なり、プレイ、ロール、タスク、ブロックの4つの範囲の中で、指定できる種類が決まっています。

参照: Playbook Keywords

https://docs.ansible.com/ansible/latest/reference_appendices/playbooks_keywords.html

　では、早速各セクションに定義すべき内容を詳しく見ていきましょう。

■ Targets セクション

　Targets セクションでは、プレイの中でターゲットノードの接続に関する必要な情報を定義します。

　インベントリで定義したホストやグループ名は、hosts ディレクティブに指定します。また、インベントリに記載した名前だけでなく、「hosts: <Host Pattern>」という形式で、ホストパターンを定義できます。たとえば、Code 3-10 のように「hosts: "*.ansible.local"」と指定すると、インベントリで定義されたターゲットノードの中から、パターンにマッチするホスト（webserver01.ansible.local など）のみに処理が実行されます。

Code 3-10　Targets セクション例

```
1: - hosts: "*.ansible.local"
2:   gather_facts: true
3:   remote_user: root
4:   become: true
5:   become_user: ansible
6:   become_method: su
```

　この他にも、Table 3-2 のようなホストパターンが利用できます。ホストパターンの指定は、とても便利な機能ではありますが、複雑なパターンは誤った操作の実行につながるため、運用では十分注意して使用しましょう。

Table 3-2　ホストパターンの種類

ホストパターン	内容	例
全ノード指定	すべてのホストを指定	all または *
レンジ指定	対象グループ内のホストのレンジを指定	web_servers[0:1]
FQDN 指定	FQDN の指定	targetnode-1.ansible.local
論理和指定	両方のグループに所属するノードを指定	web_servers:staging
除外指定	グループから「!」以降のノードやグループを除外	web_servers:!targetnode-1
論理積指定	「&」で指定した双方のグループに所属するノードが対象	web_servers:&staging
正規表現指定	FQDN と「~」以降の正規表現を組み合わせて指定	~(svr|node).*\.ansible\.local

　これらのホストパターンは、ansible コマンドを使用した場合の引数でも同じものが使用されます。なお、「*」には YAML としてエイリアス名を指定するという特別な意味があり、「*」の後はアルファベットか数値が続く必要があります。そのため、「*.ansible.local」のようなホストパターンを指定する際は「*」自体を通常の文字として扱わせるため、ホストパターン全体をダブルクォーテーション（"）で囲う必要があります。

　さらに、接続に関するディレクティブは、Targets セクションに記述しておきます（Table 3-3）。プレイブックごとの接続設定を明記する場合は、Targets セクションにまとめておくと可読性が向上します。ただし、接続設定は主に特定の接続機器やターゲットグループ共通の場合が多いため、インベントリの接続変数で設定することをお勧めします。

Table 3-3　主な接続ディレクティブ

ディレクティブ	入力値	概要
gather_facts	true/false	ターゲットノードの情報取得を行う
connection	＜ Connection プラグイン＞	接続方法の変更を行う
remote_user	＜ユーザー名＞	接続ユーザーの指定
port	＜ポート番号＞	接続ポートの指定
become	true/false	接続ユーザー以外で処理を行う
become_user	＜ユーザー名＞	ターゲットノードで処理を行うユーザー
become_method	sudo/su/runas など	ターゲットノードで処理を行うコマンドの指定。デフォルトでは、「sudo」が利用される[‡]

‡　Index of all Become Plugins
https://docs.ansible.com/ansible/latest/collections/index_become.html

■ Tasks セクション

Tasks セクションには、実行したい処理の内容をシーケンスで定義します（Code 3-11）。

シーケンスの各項目にはマッピング形式で、Key にモジュール名、値に各モジュールのオプションを定義できます。このモジュールのオプションのことを**アーギュメント（Argument）**と言います。これは前章の ansible コマンドで利用した「-a」オプションの内容と同じです。アーギュメントの種類は、モジュールによって異なるため、モジュールを利用する際にドキュメントサイトや ansible-doc コマンドで調べる必要があります。ただし、実際に利用するモジュールは用途ごとに異なるため、すべてを覚える必要はありません。

特に Tasks セクションで注意したいことは、タスクを定義する順番です。原則、タスクはシーケンスの先頭から順に実行されるため、手順書のように処理を行いたい順番通りに定義します。これによって、Targets セクションで定義されたターゲットノードに対して、定義した順番通りの処理が実行できます。

Code 3-11　Tasks セクション例

```
 1:    tasks:
 2:      - name: Install Chrony
 3:        ansible.builtin.dnf:
 4:          name: chrony
 5:          state: installed
 6:
 7:      - name: Config Chrony
 8:        ansible.builtin.template:
 9:          src: chrony.conf.j2
10:          dest: /etc/chrony.conf
```

◇ モジュールの利用

Tasks セクションの中には、タスクがシーケンスとして並べられています。各タスクには必ず1つのモジュールだけを指定し、その他に定義されているものは Tasks セクションで利用できるディレクティブです。プレイブックに慣れるまでは、タスクのモジュールとディレクティブの違いが分かりづらいかもしれませんが、基本的にはアーギュメントが定義されているものがモジュールだと認識してください。

各モジュールに定義するアーギュメントの詳細は、公式のドキュメントにも記載されていますが、ansible-doc コマンドを利用すれば、アーギュメントをその場で調べることができます。

◎　ansible-doc コマンドの利用方法

```
$ ansible-doc <モジュール名>

## ansible.builtin.copy モジュールの利用例
$ ansible-doc ansible.builtin.copy
```

■ Handlers セクション

Handlers セクションは、Tasks セクション同様に、実行したい処理の内容をシーケンスで定義します。ただし、このセクションは「notify」を指定したタスクが更新された場合（changed の状態となった場合）のみ実行されるタスクです。この際、notify に定義された名前と同じハンドラタスクが実行されます。具体的には、httpd の設定ファイルを変更するタスクを実行し、変更されたときだけ httpd を再起動するという場合などに利用します。

ハンドラの呼び出し方は、notify ディレクティブの値に、実行したいハンドラ名を記載し、Handlers セクションに同様のタスク名を定義することによって実行されます。

Code 3-12　Handlers セクション例

```
 1:  tasks:
 2:    - name: Config HTTP
 3:      ansible.builtin.template:
 4:        src: httpd.conf.j2
 5:        dest: /etc/httpd/conf/httpd.conf
 6:      notify:
 7:        - Restart HTTP
 8:
 9:  handlers:
10:    - name: Restart HTTP
11:      ansible.builtin.service:
12:        name: httpd
13:        state: restarted
```

また、Ansible バージョン 2.2 以降では、listen という機能が追加されました。このディレクティブでは、notify で定義されたハンドラ名に対して、複数のハンドラタスクを関連付けることができます。Code 3-13 のプレイブックの例では、notify ディレクティブで指定された値と、同じ名前を listen している 2 つのハンドラタスクを呼び出すことを示しています。

Code 3-13　listen ディレクティブ利用例

```
 1:   tasks:
 2:     - name: Deploy Application
 3:       ansible.builtin.git:
 4:         repo: https://github.com/WordPress/WordPress.git
 5:         dest: /var/www/WordPress
 6:       notify: Reload web contents   ## ハンドラ名の指定
 7:
 8:   handlers:
 9:     - name: Restart php-fpm
10:       ansible.builtin.systemd:
11:         name: php-fpm
12:         state: restarted
13:       listen: Reload web contents   ## ハンドラ名に関連するタスク
14:     - name: Restart nginx
15:       ansible.builtin.systemd:
16:         name: nginx
17:         state: restarted
18:       listen: Reload web contents   ## ハンドラ名に関連するタスク
```

■ Vars セクション

　Vars セクションは、アーギュメントの動的変更や設定ファイルの再利用など、タスクを効率化するための変数を定義できるセクションです。このセクションで定義する変数は、プレイ変数（Play Variables）と呼ばれ、以下の 3 つのディレクティブを利用して定義します。また、同時に以下のディレクティブを利用することも可能です。その際には使用する変数名が重複しないように注意してください。

- vars
- vars_files
- vars_prompt

◇ vars

　基本の変数は、vars ディレクティブのマッピングによって、Key に変数名、値に変数値を定義します。変数名は、変数値を参照する際に利用します。

Code 3-14　vars ディレクティブの利用例

```
1:  vars:
2:    httpd_version: 2.4
3:    warning_text: 'WARNING: Use it by Management User'
4:    contents: true
```

◇ **vars_files**

　vars_files ディレクティブは、変数を定義した、外部の YAML ファイルを複数読み込むことができます。これによって、プレイブックとは別のファイルとして、変数情報を管理できます。ただし、外部変数ファイルは ansible-playbook コマンドを実行する時点で存在しなければいけません。

Code 3-15　vars_files ディレクティブの利用例

```
1:  vars_files:
2:    - vars/prod_vars.yml
```

Code 3-16　vars/prod_vars.yml

```
1: ---
2: httpd_version: 2.4
3: password: ansible
4: app_contents: true
```

◇ **vars_prompt**

　vars_prompt ディレクティブは、変数を対話的にユーザーに問い合わせることができます。たとえば、パスワードの埋め込みや、実行環境によって異なる変数を使いたいときなど、コマンド実行時に直接ユーザーから値を指定してもらいたいときに利用します。これにより、コマンド実行者が異なってもパスワード入力を都度変更して活用できます。

Code 3-17　vars_prompt ディレクティブの利用例

```
1:  vars_prompt:
2:    - name: Passphrase
3:      prompt: Please enter your password.
4:      private: true
5:      confirm: true
```

vars_prompt ディレクティブに利用できる、サブディレクティブは Table 3-4 のとおりです。

Table 3-4　vars_prompt のサブディレクティブ

ディレクティブ	入力値	概要
name	＜文字列＞	変数名を入力する
prompt	＜文字列＞	入力時のプロンプト表示文字列
default	＜変数値＞	デフォルトの変数値
private	true/false	true は入力値が画面に表示されない。パスワード入力などで利用。デフォルトは true
encrypt	"des_crypt" "md5_crypt" "sha256_crypt" "sha512_crypt"など	入力値をハッシュ化しておくアルゴリズムの指定 'Passlib' でサポートされる暗号化が利用可能。また Passlib がインストールされていない場合、 crypt ライブラリが使用され、プラットフォームに応じて、下記の暗号化スキームがサポートされる。 bcrypt、md5_crypt、sha256_crypt、sha512_crypt
confirm	true/false	true は入力値の再入力が求められる。デフォルトは false
salt_size	＜数値＞	指定した文字数分の salt をランダムに生成する
unsafe	true/false	true は入力値として {% のようなテンプレートエラーを引き起こす文字列も許容する。デフォルトは false。Ansible 2.8 から対応

プレイブックの Vars セクションに定義できる変数は以上ですが、その他にもさまざまなところで変数は利用されます。次の項で、詳しく変数の利用方法を紹介します。

3-2-3　変数

変数は、データを一時的に記憶しておくための領域であり、動的な値を埋め込むことで個別のファイルを作成したり、同じデータを再利用したりするコンポーネントです。すでにいくつもの変数を紹介していますが、基本的にはプログラミング言語と同様に、変数に値を入れ、それを参照することによって値を可変的に利用できます。

■ 変数の定義

　プレイブックでは、Vars セクションに限らず、さまざまなところで変数を定義できます。たとえば、インベントリ内の変数や外部ファイルを利用した変数、さらにはコマンドラインから変数を指定することも可能です。まずは、これらの変数の種類とその定義方法を学びましょう。

　Ansible にも一般のプログラミング言語にあるようなグローバル変数やローカル変数と同様に、変数の定義場所によって参照範囲（スコープ）が 3 つに分かれます。

- Global 領域の変数

　　Ansible 実行の全体に対して定義される変数で、プレイブックのどこからでも参照することができる変数です。主に、エクストラ変数（extra vars）が使われます。

- Play 単位の変数

　　個々のプレイ内で定義される変数で、プレイ内で参照する場合に利用する変数です。
　　主に、プレイ変数（play vars）や、タスク変数（task vars）、ロール変数（role vars）などが含まれます。

- Host 単位の変数

　　各ターゲットノードに関連付ける変数で、そのホストを対象とする変数です。
　　主に、インベントリ変数（inventory vars）や、ファクト変数（host facts）、レジスタ変数（registered vars）などが含まれます。

　それぞれの定義方法は異なりますが、変数の有効範囲を意識しておくことで、変数の取り扱いルールや、変数の優先順位を把握しやすくなります。それぞれの変数は以下のとおりです。

◇ エクストラ変数（extra variables）

　コマンドラインから指定できる変数のことを、エクストラ変数（extra variables）と呼びます。具体的には、ansible-playbook コマンドに「-e」（--extra-vars）オプションを付けることによって定義できます。エクストラ変数は、他のプレイブック内で定義する変数よりも優先され、上書きします。よって、環境によって展開するアプリケーションのバージョンを選択したいときなど、適宜設定を変更したい場合に有用です。

◎　エクストラ変数の定義例

```
$ ansible-playbook -i inventory.ini playbook.yml -e "version=1.5 user=ansible"
```

◇ プレイ変数（Play Variables）

プレイ変数とは、プレイ内で定義される変数です。要するに、Vars セクションで指定した「vars」「vars_files」「vars_prompt」などが対象です。

ただし、「vars」ディレクティブだけは、タスク（tasks）や後述のロール（roles）、ブロック（blocks）内でも利用できます。これらはそれぞれ定義する場所によって名前が変わり、タスク内で定義した変数を「**タスク変数**」、ロール内で定義した変数を「**ロール変数**」、ブロック内で有効な変数を「**ブロック変数**」と呼びます。

ロールやブロックの利用に関しては、後ほど解説します。

Code 3-18　プレイ変数の定義例

```
 1: ---
 2: - hosts: all
 3:   tasks:
 4:     - name: Debug task vars
 5:       ansible.builtin.debug:
 6:         var: target_env
 7:       vars:      ## タスク変数の定義
 8:         target_env: dev
 9:
10: - hosts: all
11:   vars:      ## プレイ変数の定義
12:     target_env: stg
13:   tasks:
14:     - name: Debug play vars
15:       ansible.builtin.debug:
16:         var: target_env
```

◇ インベントリ変数（Inventory Variables）

インベントリ内で定義される変数です。これらは、ターゲットノードごとに指定するホスト変数とグループ全体に指定するグループ変数があります。インベントリ変数の詳細は、前節の「3-1-2 ホスト変数とグループ変数」を参照してください。

◇ レジスタ変数（Registered Variables）

　レジスタ変数とは、タスクの実行結果の戻り値を格納するための変数です。各タスク内に register ディレクティブを用意し、その後ろに変数名を定義することによって、タスクの戻り値をマッピング形式で格納できます。

　Code 3-19 の例では、コマンドモジュールを利用したタスクの出力結果を result というレジスタ変数に格納し、その変数値を ansible.builtin.debug モジュールで出力しています。

Code 3-19　レジスタ変数の定義例

```
1:   tasks:
2:     - name: Get kernel information
3:       ansible.builtin.command:
4:         cmd: uname -r
5:       register: result      # タスクの実行結果が変数 result に格納される
6:
7:     - name: Debug registered variable
8:       ansible.builtin.debug:
9:         var: result         # 結果の出力
```

　マッピング形式で格納されたレジスタ変数の値には、さまざまな戻り値が格納されています。戻り値はモジュールによって異なるため、利用する前に公式のモジュールドキュメントか、ansible-doc コマンドにて確認しておきましょう。また、例のように ansible.builtin.debug モジュールを利用して出力結果を確認しておくこともお勧めします。

◎　レジスタ変数の出力例

```
TASK [Debug registered variable] **************
ok: [localhost] => {
    "result": {
        "changed": true,
        …
        "stderr": "",
        "stderr_lines": [],
        "stdout": "5.14.0-70.22.1.el9_0.x86_64",
        "stdout_lines": [
            "5.14.0-70.22.1.el9_0.x86_64"
        ]
    }
}
```

　戻り値の中には、モジュールカテゴリごとに共通に定義される戻り値も存在します。ここでは、

その中でもよく利用する値を紹介します（Table 3-5）。特に、タスクの変更が行われたどうかを示す changed の値は、条件分岐などに頻繁に使用されます。

Table 3-5　共通の戻り値一覧

戻り値	型	概要
changed	真偽値	タスクの状態変更ステータスが格納される
failed	真偽値	タスクの失敗ステータスが格納される
msg	文字列	タスクに対するメッセージが格納される
rc	数値	コマンドモジュール群を利用した場合の終了ステータスが格納される
skipped	真偽値	タスクのスキップステータスが格納される
stderr	文字列	コマンドモジュール群を利用した場合のエラー出力が格納される
stderr_lines	リスト	stderr の値がリストで格納される
stdout	文字列	コマンドモジュール群を利用した場合の標準出力が格納される
stdout_lines	リスト	stdout の値がリストで格納される

◇ ファクト変数（Host Facts）

ファクト変数は、ターゲットノードのシステム情報が格納されている変数です。Ansible はタスクを実行する前にファクトと呼ばれるシステム情報を各ターゲットノードから取得し、「ansible_facts」という変数名に格納しています。ファクト変数には、ターゲットノードのネットワークやディスク、OS などさまざまな情報が格納されています。また必要に応じてタスクの内容を変えたり、テンプレートを使って適切な値を挿入したりできます。

ファクト変数の情報は、以下の「setup モジュールの利用例」のように ansible.builtin.setup モジュールを利用することにより、事前に調べることが可能です。

◎　setup モジュールの利用例

```
$ ansible localhost -i ./sec3/inventory.ini -m ansible.builtin.setup
localhost | SUCCESS => {
    "ansible_facts": {
        "ansible_all_ipv4_addresses": [
            "192.168.101.1"
        ],
        "ansible_all_ipv6_addresses": [
            "fe80::250:56ff:fe8b:64c1"
        ],
```

```
        "ansible_architecture": "x86_64",
        "ansible_bios_date": "07/09/2012",
...（省略）
```

　また、デフォルトではプレイブックを実行した際に、自動的に構成情報が取得されます。その
ため、ansible.builtin.setup モジュールを利用せずとも、ファクト変数を参照できます。Code
3-20 の例では、ネットワークアダプタの IP アドレスを取得し、画面に出力しています。

Code 3-20　ファクト変数の利用例

```
 1:   tasks:
 2:     - name: Debug IP address
 3:       ansible.builtin.debug:
 4:         msg: "{{ ansible_facts.default_ipv4.address }}"
```

　通常、ファクト変数は ansible.builtin.setup モジュールによって、自動的に取得されます
が、ローカルファクト変数（Local Facts）を利用して独自のファクト変数を定義することも可
能です。定義方法は、「/etc/ansible/facts.d」配下に、「XXX.fact」という拡張子で定義ファイ
ルを作成します。またフォルダを独自に作成し、その中に定義ファイル（XXX.fact）を入れるこ
とも可能です。この場合は「fact_path」アーギュメントでフォルダ名を指定します。

　ファクト変数を定義するファイルは、INI 形式、JSON 形式、または JSON 形式で出力する実行
可能ファイルで定義します。しかし、本来ファクト変数は最新のシステム状態を動的に取得して、
活用する Ansible 標準の機能です。したがって、運用上どうしても必要な場合を除き、ローカル
ファクト変数を定義することはお勧めしません。

Code 3-21　ローカルファクト変数の定義例: $HOME/facts.d/test.fact

```
1: [default]
2: hardware = x86_64
3: network = ens160
```

◎　ローカルファクト変数の参照例

```
$ ansible localhost -i ./sec3/inventory.ini -m setup \
-a 'fact_path=/home/ansible/facts.d'
localhost | SUCCESS => {
```

```
    "ansible_facts": {
...（省略）
        "ansible_local": {
            "test": {
                "default": {
                    "hardware": "x86_64",
                    "network": "ens160"
                }
            }
        },...（省略）
```

◇ 環境変数 （environment variables）

コマンド実行環境（つまりはシェル上）の環境変数を Ansible から参照して利用できます。ひと言で環境変数といっても、次の 2 種類の環境変数がある点に注意してください。

（1）ローカルの環境変数

ansible / ansible-playbook コマンドを実行するシェル環境における環境変数です。コントロールノード上でコマンド操作をしているユーザーの環境に依存します。スコープはグローバル変数と同等で、プレイブックのどこの位置からでも lookup プラグイン[*4]を利用してローカル環境変数を参照できます。

Code 3-22　ローカル環境変数の参照例

```
1: - name: Display local HOME environment variable
2:   ansible.builtin.debug:
3:     msg: "'{{ lookup('ansible.builtin.env', 'HOME') }}' is the local HOME en⇒
4: vironment variable."
```

（2）リモートの環境変数

コントロールノードから送られてくる Python スクリプトを実行するシェル環境における環境変数です。ターゲットノードに SSH ログインするユーザー（ansible_user で指定したユーザー）の環境に依存します。

リモートの環境変数にどのようなものが定義されているかは実際にターゲットノードにログインしないと分かりませんが、Ansible では ansible.builtin.setup モジュールを利用しファクト変数

＊4　ansible.builtin.env lookup – Read the value of environment variables
　　https://docs.ansible.com/ansible/latest/collections/ansible/builtin/env_lookup.html

の「`ansible_facts.env`[5]」から参照できるようにしています。前述のとおり、`ansible-playbook`コマンドを実行した場合は自動的にファクトの収集が行われるため、何も指示しなくともリモート環境変数を参照できます。

Code 3-23　リモート環境変数の参照例

```
1: - name: Display remote HOME environment variable
2:   ansible.builtin.debug:
3:     msg: "'{{ ansible_facts.env.HOME }}' is the remote HOME environment variable."
```

さらに Ansible では、ターゲットノード上で定義されてない環境変数を追加した上でタスクを実行可能です。`environment` ディレクティブを利用して変数名と値を定義することで、処理実行時に環境変数として適用されます。変数のスコープは `environment` ディレクティブをどこで定義したかで変わってきます。プレイの冒頭で指定した場合はプレイ全体をスコープとして参照可能ですが、各タスク定義の中で `environment` ディレクティブを定義した場合は、そのタスクのみをスコープとして参照ができます。

環境変数を明示的に指定してタスクを実行するケースとして、Linux パッケージのインストールをするタスクの実行でプロキシ利用をするために、`http_proxy` や `https_proxy` の環境変数を定義しなければならないことがあります。

特に企業における社内環境では、インターネット上の公開リポジトリにアクセスをするのに、プロキシ接続が必須となるケースが少なくありません。このようなケースに対応するためにも、Code 3-24 のような使い方も覚えておきましょう。

Code 3-24　リモート環境変数の明示的な定義例

```
1: ---
2: - name: Set http_proxy / https_proxy as environment variables in play scope
3:   hosts: all
4:   environment:
5:     http_proxy: http://proxy.example.local:8080
6:     https_proxy: http://proxy.example.local:8080
7:
8:   tasks:
9:   - name: Display remote http_proxy / https_proxy environment variables
```

＊5　リモートの環境変数は「`ansible_facts.env`」の代わりに「`ansible_env`」の変数名でも参照が可能です。

```
10:     ansible.builtin.debug:
11:       msg:
12:         - "'{{ ansible_facts.env.http_proxy }}' is the remote http_proxy envir⇒
13: onment variable."
14:         - "'{{ ansible_facts.env.https_proxy }}' is the remote https_proxy env⇒
15: ironment variable."
```

◇ 定義済み変数（Magic Variables）

Ansible の変数の中には、マジック変数と呼ばれる定義済みの変数が存在します（Table 3-6）。こちらは主にインベントリに記載された情報や、Ansible の環境情報を定義しています。これもファクト変数同様に動的に取得されますが、決まった変数が参照対象のため変更できません。こうした変数は、特別な変数として取り扱われています。

参照：Special Variables

https://docs.ansible.com/ansible/latest/reference_appendices/special_variables.html

Table 3-6　主な定義済み変数

変数名	概要
hostvars	各ターゲットノードのファクト変数を集めた変数
group_names	指定したターゲットノードが属するグループの一覧
groups	全グループとターゲットノードの一覧
inventory_hostname	インベントリファイルに定義されたホスト名
inventory_hostname_short	ホスト名の始めの (.) ドットまでの短縮名
inventory_dir	インベントリファイルのディレクトリパス
inventory_file	カレントディレクトリからのインベントリファイルの位置
playbook_dir	カレントディレクトリからのプレイブックディレクトリパス
ansible_inventory_sources	利用しているインベントリの一覧
ansible_play_hosts	プレイが実行されているホストの一覧
ansible_version	Ansible のバージョン情報
ansible_check_mode	実行時に「--check」を付けた場合に「true」となる
role_path	ロール実行時におけるロールのディレクトリパス

たとえば、「hostvars」には各ターゲットノードのファクト変数や定義済み変数がマッピング形式で入っており、Code 3-25 のように特定のノードの変数値を活用することで、テンプレートから設定ファイルを生成できます。

Code 3-25　マジック変数の利用例

```
1: 127.0.0.1 localhost
2:
3: {% for host in groups['test_servers'] if host != 'localhost' %}
4: {{ hostvars[host]['ansible_facts']['default_ipv4']['address'] }} {{ host }}
5: {% endfor %}
```

　ここでは、数多くの変数定義を紹介しましたが、定義場所によって用途が異なります。そのた
め、コードを共有する場合は、変数の定義ルールを策定した上で運用を行うことが基本です。た
かが変数定義の話ですが、この心掛けがシステムを長く安定的に運用させる上では、とても大切
です。

■ 変数の参照

　YAML の書式では変数の定義はできますが、変数の参照はできません。よって、Ansible では変
数を参照するために、Python 用テンプレートエンジンの Jinja Template バージョン 2（Jinja2）を
利用します。Jinja2 では、ランタイム時にテンプレート内にある変数を置換し、環境に応じたテ
キストファイルを生成します。Ansible でもこの仕組みを利用して、プレイブック内の変数を読み
込んだり、テンプレートから設定ファイルを作成したりします。通常テンプレートは、拡張子を
「.j2」（Jinja2）とするファイルで作成します。

　Jinja2 では、以下の 2 つの可変フォーマットによって変数を取り扱います（Figure 3-5）。

- {{ … }}
  変数値の結果を表示するタグ
- {% … %}
  変数に対する制御構文を記述するタグ

　Ansible のプレイブック上では、「{{ … }}」が頻繁に利用されますが、テンプレート内では、制
御構文である「{% … %}」も併せて利用されることがあるので確認しておきましょう。また、変
数の参照は格納されている値のフォーマットによって異なります。よって、ここでは Ansible に必
要な変数値の参照に絞って紹介します。

Figure 3-5　Jinja2 テンプレートの動作

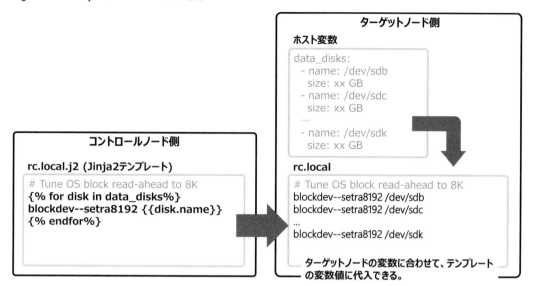

◇ **マッピングの参照**

　マッピングは、変数名（Key）を利用して値にアクセスします。ネストした変数名に関しては、「.」（ドット）もしくは、「[]」（角括弧）を並べて記述することにより、下位層の値にアクセスできます。ただし、「[]」を利用した場合は、変数名を「"」（ダブルクォート）、もしくは「'」（シングルクォート）で囲む必要があります。また、参照先が上位の変数名の場合は、マッピング形式のまま参照が可能です。

Code 3-26　マッピングの参照例

```
 1: vars:
 2:   ens160:
 3:     ipv4:
 4:       address: "192.168.101.1"
 5:       broadcast: "192.168.101.255"
 6:       netmask: "255.255.255.0"
 7:
 8: {{ ens160.ipv4.address }}
 9: ## "ens160.ipv4.address": "192.168.101.1"
10:
11: {{ ens160['ipv4']['address'] }}
12: ## "ens160.ipv4.address": "192.168.101.1"
13:
```

```
14: {{ ens160['ipv4'] }}
15: ## "ens160['ipv4']": { "address": "192.168.101.1",
16: ## "broadcast": "192.168.101.255", "netmask": "255.255.255.0" }
```

◇ シーケンスの参照

　シーケンスは、シーケンス番号を利用して値にアクセスします。シーケンス番号は 0 から始まり、シーケンスの定義順に、1 つずつ番号が増加していきます。また、マッピング同様にネストしたシーケンスにアクセスする場合は、「.」または、「[]」でアクセスできます。ただし、ネストした場合も、シーケンス番号でアクセスする必要があります。

Code 3-27　シーケンスの参照例

```
 1: vars:
 2:   local_users:
 3:     -
 4:       - user02
 5:       - user03
 6:     -  ## リストが代入されている
 7:       - user11
 8:
 9: {{ local_users.0.1 }}
10: ## "local_users.0.1": "user03"
11:
12: {{ local_users[0][1] }}
13: ## "local_users[0][1]": "user03"
14:
15: {{ local_users[1] }}
16: ## "local_users[1]": [ "user11" ]
```

◇ スカラーの参照

　データ型の文字列や、真偽値も変数としてアクセスできます。文字列に関しては、先頭からの番号を入れることにより、番号に応じた文字列を取得します。たとえば、「variable[0:5]」とすると先頭から、5 文字目までを取得できます。

Code 3-28　スカラーの参照例

```
1: vars:
2:   title: "Ansible Practical Book"
3:   title_option: true
4:
5: {{ title[0:7] }}
6: ## "title[0:7]": "Ansible"
7:
8: {{ title_option }}
9: ## "title_option": true
```

◇ テンプレートの制御構文

　テンプレートでは、変数の参照だけでなく、制御構文を利用して特定の条件で変数参照を選択できます。主に Ansible で利用する構文は、if 構文と for 構文です。

- if 構文

　if 構文では、特定の条件しだいで、処理の実行可否を判断する場合に利用し、{% if … %} …… {% endif %}ブロックで囲みます。

　Code 3-29 では、「hostvars[host].ansible_host」が定義されていた場合のみ、変数値を代入しています。

Code 3-29　Jinja2 テンプレートの if 構文例

```
1: {% if hostvars[host].ansible_host is defined %}
2: client_ip = {{ hostvars[host].ansible_host }}
3: {% endif %}
```

- for 構文

　for 構文では、特定の条件下で、処理を繰り返す（ループ）場合に利用し、{% for … %} …… {% endfor %}ブロックで囲みます。

　Code 3-30 では、「groups['all']」インベントリに記載したすべてのターゲットノード名と、IP アドレスを 1 行ずつ出力します。

Code 3-30　Jinja2 テンプレートの for 構文例

```
 1: {% for host in groups['all'] %}
 2:   {{ hostvars[host]['ansible_facts']['default_ipv4']['address'] }} {{ host }}
 3: {% endfor %}
 4: ## 出力例
 5: ## 192.168.101.1 web_server01
 6: ## 192.168.101.2 web_server02
```

　この他にも Jinja2 を利用することで、もっと複雑な制御構文を作成できますが、多用するとプログラミングコードに近づき、可読性が低下したり、属人化する恐れがあります。そのため制御構文は、テンプレートを共有するメンバが理解できる範囲に留めておくのが無難です。

◇ 変数フィルタ

　Jinja2 の変数参照には、結果を加工して参照できるフィルタ機能が数多く組み込まれています。また、Ansible にも独自の組み込み変数フィルタが用意されています。変数フィルタを利用するためには、変数に「|」（パイプ）に続けて、関数呼び出しのようにフィルタオプションを宣言します。よく利用されるフィルタオプションには以下のものがあります。

- default：変数値が未入力の場合、デフォルト値の設定を行う
- join：配列の変数値同士をつなぎ合わせる。また、文字を間に入れてつなぎ合わせる
- length：変数の文字数、もしくは配列の数を返す
- lower：変数値を小文字に変換する
- upper：変数値を大文字に変換する

　具体的には、フィルタ機能は Code 3-31 のように利用します。

Code 3-31　Jinja2 テンプレートの変数フィルタ例

```
 1: vars:
 2:   mgmt_users:
 3:     - user01
 4:     - user02
 5:     - user03
 6:
 7: {{ mgmt_users[3] | default('user04') }}
 8: ## user04
 9:
10: {{ mgmt_users | join('|') }}
```

```
11: ## user01|user02|user03
12:
13: {{ mgmt_users | length }}
14: ## 3
15:
16: {{ mgmt_users[2] | upper }}
17: ## USER03
```

　フィルタにはさまざまなオプションが用意されています。利用する際は、公式のドキュメントを確認してから利用するようにしましょう。

参照：Jinja2 List of Builtin Filters

https://jinja.palletsprojects.com/en/2.11.x/templates/#list-of-builtin-filters

参照：Using filters to manipulate data

https://docs.ansible.com/ansible/latest/playbook_guide/playbooks_filters.html

　また、ここで紹介したものに限らず、変数の参照には便利な機能が数多く用意されています。他の参照方法に関しても、実用方法と併せて後ほど紹介します。

■ 変数の優先順位

　すでに紹介したように、Ansible ではプレイブックやインベントリ上のさまざまな場所で変数定義ができます。しかしながら、1 つの変数に対する名前空間は 1 つしかないため、同じ変数名が複数の場所で定義されると不整合が生じます。そのため、Ansible では変数を定義する場所によって、優先順位の高い変数値で上書きする仕組みを取っています。これは、あくまで同じ変数名を定義した場合に限られますが、運用上ではこの優先順位を意識して定義することが重要です。特に、同一名の変数を用途によって使い分ける場合は、事前に優先順位を確かめることが必須です。

　Table 3-7 は、変数の優先順位です。まず、何よりも優先度が高いものが、コマンドで設定をするエクストラ変数です。よく利用されるインベントリ変数は変数の優先順位の中では比較的優先度が低く、上書きされる可能性があります。また、ロールの中で定義されるデフォルト変数に関しては、比較的優先順位が低いため、初期値を設定しておくと便利です。

　このように、同じ名前の複数の変数が異なる場所に定義されていると、複雑な順序を考慮しながらプレイブックを作成しなければいけません。したがって、運用上は同じ名前をなるべく避け、

チーム間で共通の変数定義規則を設けることをお勧めします。

Table 3-7　変数の優先順位

変数の優先順位	変数の概要
1. extra vars	コマンド実行時に渡すエクストラ変数
2. include params	include モジュールで定義した変数
3. role (and include_role) params	ロール、および ansible.builtin.include_role モジュールの呼び出し時に定義した変数
4. set_facts / registered vars	set_fact モジュールで定義した変数、またはレジスタ変数に格納した変数
5. include_vars	ansible.builtin.include_vars モジュールで呼び出した変数ファイル
6. task vars	タスク内の vars で定義したタスク変数
7. block vars	ブロック内の vars で定義したブロック変数
8. role vars	ロールの vars ディレクトリ (roles/xxx/vars/main.yml) で定義された変数
9. play vars_files	プレイ内の vars_files で呼び出した変数ファイル
10. play vars_prompt	プレイ内の vars_prompt で定義した変数
11. play vars	プレイ内の vars で定義した変数
12. host facts / cached set_facts	各ターゲットノードのファクト変数
13. playbook host_vars	プレイブックディレクトリ内 (host_vars/*) で定義されたホスト変数
14. inventory host_vars	インベントリディレクトリ内 (inventories/xxx/host_vars/*) で定義されたホスト変数
15. inventory file or script host vars	インベントリ内で定義、またはダイナミックインベントリで取得したホスト変数
16. playbook group_vars	プレイブックディレクトリ内 (group_vars/*) で定義されたグループ変数
17. inventory group_vars	インベントリディレクトリ内 (inventories/xxx/group_vars/*) で定義されたグループ変数
18. playbook group_vars/all	プレイブックディレクトリ内の all グループ (group_vars/all.yml) に定義されたグループ変数
19. inventory group_vars/all	インベントリディレクトリ内の all グループ (inventories/xxx/group_vars/all.yml) に定義されたグループ変数
20. inventory file or script group vars	インベントリ内で定義、またはダイナミックインベントリで取得したグループ変数
21. role defaults	ロールの defaults ディレクトリ (roles/xxx/defaults/main.yml) で定義された変数
22. command line values	コマンド実行時にオプションで渡す値

基本的な変数の取り扱いについては以上です。変数はとても便利な機能ですが、利便性が高まると同時に、多用すると複雑化し、メンバによっては理解しづらくなってしまう機能であることも十分意識して取り扱うようにしてください。

3-2-4 特殊なディレクティブ

効率的な処理を目指すためには、同じようなコードに関しては極力再利用を行い、反復処理や条件分岐によって適切な処理が行えるようなプレイブックを作成することが望まれます。

そのためには、ここで紹介する特殊なディレクティブの使いこなしが鍵となる、と言ってもよいでしょう。ディレクティブをうまく使いこなし、より柔軟な自動化を実装していきましょう。

■ 条件分岐

手順書のように Ansible を利用していると、特定の条件のときにだけタスクを実行したい場合があります。その場合には、when ディレクティブを利用し、タスクに条件を指定します。when ディレクティブを使うと、Web サーバーや DB サーバーといったように、役割が異なるターゲットノードに対して、条件判定によってインストールするコンポーネントを切り替えることができます。なお、when ディレクティブで変数を参照する際は{{…}}で囲う必要はありません。

Code 3-32　when ディレクティブの利用例

```
 1:  tasks:
 2:    - name: Install the httpd for web_servers
 3:      ansible.builtin.dnf:
 4:        name: httpd
 5:        state: installed
 6:      when: host_role == 'web'    # 変数 host_role の値が web の場合に本タスクを実行
 7:
 8:    - name: Install the mysql for db_servers
 9:      ansible.builtin.dnf:
10:        name: mysql
11:        state: installed
12:      when: host_role == 'db'      # 変数 host_role の値が db の場合に本タスクを実行
```

◇ ファクト変数との連携

　ファクト変数と連携することによって、サーバーに適切なタスクを指定することもできます。特によく利用されるパターンが、OS のディストリビューションによってタスクを分岐する方法です。Code 3-33 の例では、「ansible_os_family」というファクト変数をもとに判定を行っています。変数値が RedHat の場合は「ansible.builtin.dnf」モジュールを使用し、Debian の場合は「ansible.builtin.apt」モジュールを使用することにより、ディストリビューションの違いを吸収します。

Code 3-33　fact 変数と when ディレクティブの利用例

```
 1:  tasks:
 2:    - name: Install the chrony in RedHat
 3:      ansible.builtin.dnf:
 4:        name: chrony
 5:        state: present
 6:      when: ansible_facts['os_family'] == 'RedHat'
 7:
 8:    - name: Install the chrony in Debian
 9:      ansible.builtin.apt:
10:        name: chrony
11:        state: present
12:      when: ansible_facts['os_family'] == 'Debian'
```

　もし、when ディレクティブの条件に合致しなかった場合は、対象のタスクは実行されず skip されます。

■ 実行結果の取り扱い

　通常タスク実行に異常が発生した場合は、特別な設定を行わずとも処理が停止してコマンドのリターンコードが返ってきます。しかし実運用においては、この実行結果を意図的にコントロールしなければいけない場合があります。たとえば、バックアップ処理など異常ステータスが出ても処理を継続し、成功するまで同じ処理を繰り返したりする場合などが考えられます。ここでは、このような実行結果をコントロールする手段をいくつか紹介します。

◇ 実行結果の操作

　Ansible の実行結果が changed になるということは、タスクによってターゲットノードの状態が変更されたことを示します。しかし、コマンドモジュール群を利用すると、特にターゲットノー

ドの状態は変わらずとも、コマンドが発行された際に「changed」という結果が返されます。これは、Ansible は状態を収束させるという目的から、特定のコマンドが発動した時点で変更処理が行われたと認識する仕組みが備わっているためです。これでは実行結果が分かりづらいため、特定の条件が揃った場合にのみ「changed」という結果を示すように判断するディレクティブが「changed_when」です。

これは when を利用した条件判定構文に似ていますが、判定する順序が異なります。when では、判定条件を行った結果によってタスクを実行します。一方 changed_when では、タスクを実行した後の条件に従って changed という結果にするのかを判定します。したがって、changed_when を利用する場合は、タスクの実行結果を格納するレジスタ変数と合わせて利用される場合がほとんどです。

また、changed_when と同じように、タスク後の条件に従って failed 状態にしてタスクを停止させる場合は、failed_when を利用します。ただしどちらの場合も、本来タスクが成功する場合のステータスを変更するときに利用します。

Code 3-34　実行結果の操作例

```
 1:  tasks:
 2: ## /tmp フォルダがすでに用意されており、条件に合わないため failed ではないとみなされて次の処理に進む
 3:    - name: Control status by failed_when
 4:      ansible.builtin.command:
 5:        cmd: mkdir /tmp
 6:      register: failed_result
 7:      failed_when: failed_result.stderr == ""
 8:
 9:    ## ansible がインストールされていれば OK の状態になる
10:    - name: Control status by changed_when
11:      ansible.builtin.command:
12:        cmd: which ansible
13:      register: changed_result
14:      changed_when: changed_result.rc != 0
```

◇ 失敗による停止の回避

Ansible は Fail-Fast という考え方で設計されています。これは、1 つのタスクが失敗すると、そのターゲットノードではエラー対象のタスク以降は実行されないという設計です。

しかしながら、プレイブックをいくつも作成していると、タスクの中には特定の条件によって一時的に失敗するタスクや単純なステータスのチェックなど、失敗しても実行に影響がなく、タ

スクを継続できる場合があります。そういった場合には、「ignore_errors」が活用できます。これはタスクの実行結果が失敗してプレイが停止せずに、後続のタスクを継続処理するかどうかを判定するディレクティブです。true を設定することにより、対象のタスクでエラーが生じても無視してタスクが継続されます。

Code 3-35　ignore_errors の利用例

```
1:   tasks:
2:     - name: Ignore failure task
3:       ansible.builtin.command:
4:         cmd: /bin/false
5:       ignore_errors: true    # 本タスクがエラーでも後続処理を続ける
```

■ 繰り返しの実行

　同様のタスクを何度も実行する場合には、loop ディレクティブ（ループ）を利用することによって、データを繰り返し呼び出すことができます。たとえば、ユーザーを複数人作成するタスクを作る場合、1ユーザーごとにタスクを定義すると、内容が冗長化しプレイブックがすぐに肥大化してしまいます。こうした処理の冗長性を避けるために、ループが活用できます。

◇ 基本の loop

　loop は、リスト形式（シーケンス）で定義された変数値を一つずつ展開し、繰り返して実行する機能です。定義方法としては、タスクのオプションとして loop を指定し、その中に繰り返し実行したい値を入れます。またこの際、事前にシーケンスとして定義した変数を loop ディレクティブに指定することも可能です。

　一方、loop の対象となる値の呼び出しには、item という固定の変数名を利用します。**Code 3-36** の例では、一度のタスクで user01 から user03 までをすべて同じ wheel グループで作成しています。

Code 3-36　基本のループ利用例

```
1:     - name: Add several users
2:       ansible.builtin.user:
3:         name: "{{ item }}"   ## ループの値が1つずつ展開される
4:         state: present
5:         groups: wheel
6:       loop:
```

```
7:              - user01
8:              - user02
9:              - user03
```

単一のリストだけでなく、シーケンスにマッピングをネストして変数をうまく利用することにより、複数の異なる変数の参照も可能です。以下ではタスク定義だけを再利用し、それぞれのユーザーとグループの異なるマッピングを参照しています。

Code 3-37　マッピングのループ利用例

```
1:   - name: Add several users
2:     ansible.builtin.user:
3:       name: "{{ item.name }}"
4:       state: present
5:       groups: "{{ item.groups }}"
6:     loop:
7:       - { name: user01, groups: wheel }
8:       - { name: user02, groups: admin }
```

なお、Ansible バージョン 2.5 より前では、Lookup プラグインを利用して繰り返し処理を行っていましたが、loop は「with_items」ではなく「with_list」と同じ動作を行うということに注意しておきましょう。詳細は、後述する「lookup プラグインからの移行」を参照してください。

◇ **特殊な loop**

実践的なプレイブックを作る上では、これまで紹介したような単純なループだけでは、意図した処理を実現できないことがあります。Ansible には特集なループを実現するさまざまなフィルタがあります。たとえば、product フィルタはシーケンスを組み合わせて多重ループします。Code 3-38 は、2 つのシーケンスを組み合わせた例です。

Code 3-38　多重のループ利用例

```
1:   - name: Using product filter
2:     ansible.builtin.debug:
3:       msg: "{{ item[0] }} in {{ item[1] }} group"
4:     loop: "{{ user_info[0] | product(user_info[1]) }}"   # 組み合わせループ
5:     vars:
6:       user_info:
7:         - ['user01', 'user02']   # 組み合わせる 1 つめのシーケンス
8:         - ['admin', 'db']        # 組み合わせる 2 つめのシーケンス
```

この例では、2 つの要素からなるシーケンスを組み合わせているため計 4 回ループします。以下のように表示されます。

◎　多重のループ利用例の実行結果

```
TASK [Using product filter] *************************************
ok: [localhost] => (item=['user01', 'admin']) => {
    "msg": "user01 in admin group"
}
ok: [localhost] => (item=['user01', 'db']) => {
    "msg": "user01 in db group"
}
ok: [localhost] => (item=['user02', 'admin']) => {
    "msg": "user02 in admin group"
}
ok: [localhost] => (item=['user02', 'db']) => {
    "msg": "user02 in db group"
}
```

この他にも Ansible や Jinja2 にはさまざまなフィルタがあります。loop を利用する上では、まず変数フィルタの公式ドキュメントを参考にしてください。

参照：Using filters to manipulate data

https://docs.ansible.com/ansible/latest/playbook_guide/playbooks_filters.html

◇ **ループコントロール**

フィルタ以外にも、loop そのものを管理したいという場合には、loop control を使用します。loop control には、次のようなオプションが用意されています（**Table 3-8**）。

Table 3-8　ループコントロールのオプション一覧

オプション	概要
loop_var	ループで指定したリストそのものに変数名を付ける。主に多重ループなどに使用する。また、Ansible 2.8 からはここで指定した変数名を ansible_loop_var で取得できる
label	ループ内の特定の値をラベルとして定義する。ループ実行時にラベルが付与される
pause	ループを実行する間隔を秒単位で指定する
index_var	ループされる回数を 0 から始まるインデックスで表示する
extended	true は後述の拡張ループ変数を利用できるようにする

ここでは、いくつかのオプションを利用した例を紹介します。index_var を利用する場合は、

インデックスを入れるための変数名を指定します。これはクラスタ構成など、loop を行うグループ内で、それぞれに一意の番号が必要なときなどに利用されます。また、API を利用したクラウドリソースの要求など、loop 内の値を連続で呼び出すときに少し時間を空けたほうがスムーズに処理できるものは、pause を利用することもできます。

Code 3-39　ループコントロールの利用例

```
 1:      - name: Count databases
 2:        ansible.builtin.debug:
 3:          msg: "{{ item }} with index {{ mysql_idx }}"
 4:        loop:
 5:          - name: server-a
 6:            cpu: 2core
 7:            disks: 5Gb
 8:            ram: 15Gb
 9:          - name: server-b
10:            cpu: 2core
11:      …(省略)…
12:          - name: server-e
13:            cpu: 2core
14:            disks: 5Gb
15:            ram: 15Gb
16:        loop_control:
17:          index_var: mysql_idx    ## サーバーの数だけインデックス(番号)が付与される
18:          pause: 2   ## 繰り返しが2秒おきに実行される
19:          label: "{{ item.name }}"   ## サーバー名でラベルが付与される
```

今回の例を実行すると、以下の結果が出力されます。loop control を利用してラベルを指定しておくことによって、プレイブック実行時の出力に表示されます。ラベルを指定しないと、item の内容がすべて表示されるため、出力結果の判別が付きません。

◎　ループコントロールの実行結果例

```
ok: [localhost] => (item=server-a) => {
    "msg": "{'name': 'server-a', 'cpu': '2core', 'disks': '5Gb', 'ram': '15Gb'}
 with index 0"
}
  …
ok: [localhost] => (item=server-e) => {
    "msg": "{'name': 'server-e', 'cpu': '2core', 'disks': '5Gb', 'ram': '15Gb'}
 with index 5"
}
```

　このように `loop control` を利用することで、`loop` の内容に対して細かな管理ができます。ただし、多重ループを始めとして、あまり `loop` の内容を操作しすぎると返ってプレイブックの見通しが悪くなり、思わぬ障害に陥ります。`loop control` によって `loop` を効率的に実行できる半面、可読性が下がる可能性があることも考慮してプレイブックを作成するよう心掛けましょう。

◇ 拡張ループ変数

　前述の `loop_control` で `extend` オプションに `true` を指定すると、拡張ループ変数が利用できます。次のような拡張ループ変数が用意されています（Table 3-9）。

Table 3-9　拡張ループ変数一覧

変数名	概要
ansible_loop.allitems	ループのすべての要素
ansible_loop.index	最初の要素からのインデックス（1 始まり）
ansible_loop.index0	最初の要素からのインデックス（0 始まり）
ansible_loop.revindex	最後の要素からのインデックス（1 始まり）
ansible_loop.revindex0	最後の要素からのインデックス（0 始まり）
ansible_loop.first	ループの最初の要素なら True
ansible_loop.last	ループの最後の要素なら True
ansible_loop.length	ループの要素数
ansible_loop.previtem	ループの前の値
ansible_loop.nextitem	ループの次の値

◇ lookup プラグインからの移行

　Ansible バージョン 2.5 より以前は、「with_'Lookup プラグイン名'」といった形でループ機能を頻繁に活用していました。そのため、Ansible を最新バージョンに切り替えると同時に、`loop` への移行を検討するよう、公式のドキュメントに移行方法が案内されています。

参照：Migrating from with_X to loop

https://docs.ansible.com/ansible/latest/playbook_guide/playbooks_loops.html

#migrating-from-with-x-to-loop

　基本は、公式ドキュメントの移行方法に沿って変更を行うことで、with_'Lookup プラグイン名' から、変数フィルタに切り替えることが可能です。ただし、先ほども紹介したように、`loop` そのものは「`with_list`」と同じ動作を行うことを認識しておきましょう。「`with_items`」と「`with_list`」

の違いは、ネスト（階層化）された変数が動的に1つのシーケンスとして展開されるか、もしくはネストの状態を維持して展開されるかの違いです。これは、flattened（階層化解除）の有無とも言われます。

　実際に動作を確認しながら、理解を深めましょう。

Code 3-40　with_items と loop(with_list) の違い

```
 1:  vars:
 2:    loop_test:
 3:      - ["test01","test02"]
 4:      - "test03"
 5:
 6:  tasks:
 7:    - name: Confirmation flatten for with_items
 8:      ansible.builtin.debug:
 9:        msg: "{{ item }}"
10:      with_items: "{{ loop_test }}"
11:
12:    - name: Confirmation flatten for loop
13:      ansible.builtin.debug:
14:        msg: "{{ item }}"
15:      loop: "{{ loop_test }}"
```

　この例を実行すると「with_items」はすべて同じ階層として展開されるため3回の繰り返しになるのに対して、「with_list」は階層構造が維持されるため、2回の繰り返しが行われます。「with_items」から移行を行う場合など、階層構造を持つ値を繰り返す場合は、特に気を付けて利用してください。

◎　with_items と loop（with_list）の実行

```
TASK [Confirmation flatten for with_items] ************
ok: [localhost] => (item=test01) => {
    "msg": "test01"
}
ok: [localhost] => (item=test02) => {
    "msg": "test02"
}
ok: [localhost] => (item=test03) => {
    "msg": "test03"
}


TASK [Confirmation flatten for loop] *****************
```

```
ok: [localhost] => (item=['test01', 'test02']) => {
    "msg": [
        "test01",
        "test02"
    ]
}
ok: [localhost] => (item=test03) => {
    "msg": "test03"
}
```

　なお、執筆時点において Lookup プラグインの活用がなくなったわけではありません。あくまで、推奨構成が `loop` になっただけであり、Ansible を利用するメンバ同士での活用ルールを重視して利用を進めましょう。

3-2-5　タスクのグループ化

　最後にタスクのグルーピングを紹介します。この機能は Ansible バージョン 2.0 から追加された機能です。バージョン 1.x 系ではタスクを記述する際に、それぞれのタスク内で個別に条件判定を行う必要がありました。しかし、バージョン 2.x 以降では **block** を利用することにより、指定のタスクをグルーピング化し、そのすべてのタスクに対して同一の when や tags などのディレクティブが指定できます。これによってプレイブックの簡素化を図ることができ、より効率的な共有を促進するという利点があります（**Code 3-41**）。ここでは block を活用して when を適用した条件判定例を紹介します。また tags に関しては、第 4 章で実例と併せて紹介します。

Code 3-41　block の利用例

```
 1:  tasks:
 2:    - block:      # ブロックの開始
 3:        - name: Install repository
 4:          ansible.builtin.dnf:
 5:            name: epel-release
 6:            state: present
 7:
 8:        - name: Install packages
 9:          ansible.builtin.dnf:
10:            name: nginx
11:            state: present
12:      when: ansible_os_family == 'RedHat'
13:
```

```
14:     - block:      # ブロックの開始
15:        - name: Install repository
16:          ansible.builtin.apt_repository:
17:            repo: ppa:nginx/stable
18:
19:        - name: Install packages
20:          ansible.builtin.apt:
21:            name: nginx
22:            state: present
23:      when: ansible_os_family == 'Debian'
```

　blockの最大の特徴は、タスクのグルーピング機能だけでなく、エラーハンドリング処理機能が含まれていることです。通常はblockの中のタスクのどれかがエラーを返した時点で、block内のタスクが終了してしまいます。そういったときにはrescueディレクティブを利用すると、blockで定義したタスクのいずれかがエラーを返した際にも定義したタスクが実行されます。また、blockにはalwaysというディレクティブが用意されており、block内のタスクが成功しても失敗しても必ず行う後処理の内容が定義できます。具体的には、block内のタスクで変更した内容の確認や、エラー時にも実行したいタスクなどに使用します。このalwaysは、あくまでblock内のエラーハンドリング機能の一部であるため、後続のタスクを記載する用途ではないということを注意しましょう。

　このように、blockのエラーハンドリングはとても便利な機能ですが、どうしてもプログラミング言語に近く、タスクの設計が必要になってしまいます。よって、個別のタスクのエラーハンドリングに関しては、failed_whenディレクティブなどを有効に活用することもお勧めします。

Code 3-42　blockのエラーハンドリング利用例

```
 1:  tasks:
 2:   - block:
 3:       - name: Failed task
 4:         ansible.builtin.command:
 5:           cmd: /bin/false
 6:       - name: Not excecuted task
 7:         ansible.builtin.debug:
 8:           msg: '上記のタスクでエラーが発生するため、この処理は実行されません'
 9:     rescue:
10:      - name: Debug message
11:        ansible.builtin.debug:
12:          msg: 'エラーが発生しました'
13:      - name: Failed task
```

```
14:            ansible.builtin.command:
15:              cmd: /bin/false
16:          - name: Not excecuted task
17:            ansible.builtin.debug:
18:              msg: '上記のタスクでエラーが発生するため、この処理は実行されません'
19:        always:
20:          - name: Debug message
21:            ansible.builtin.debug:
22:              msg: 'いつも実行されます'
```

　本節では、プレイブックの構文やディレクティブの利用に関して紹介しました。すべてのプレイブックは、この基礎で学んだことの組み合わせにより成り立っています。よって、複雑なプレイブックが出てきた際にも、この基礎の構造に合わせて確認してみてください。

 Column　Red Hat Ansible Automation Platform Workshops とハンズオンイベント

　Ansible を効率良く学習するための第一歩は、すでに実践で活用されているプレイブックを見て、その記述方法やモジュールの取り扱い方を真似ることです。オンライン上には、数多くの学習コンテンツが提供されており、そこから自身が利用したいモジュールの詳細をすぐに確認できます。

　ここでは、Red Hat, Inc. が展開している「Red Hat Ansible Automation Platform Workshops」という学習サイトを紹介します。このサイトは、Ansible の機能を効果的に体感することを目的として、Linux やネットワーク自動化のコンテンツが用意されています（日本語化対応済み）。

Red Hat Ansible Automation Platform Workshops：https://aap2.demoredhat.com/

　また、日本のコミュニティ「Ansible ユーザー会」では、このサイトを利用して「もくもく会」というハンズオンイベントを開催しています。コンテンツも環境も用意されるため、学習しやすいイベントです。是非活用してください。

Ansible ユーザー会イベントページ：https://ansible-users.connpass.com/

3-3 プレイブックの応用

これまでは、プレイブックを1つのファイルで取り扱う前提で話を進めていましたが、実際の運用ではプレイの内容や数が大きくなると同時に、プレイブックとしての運用管理や可読性が悪くなってしまいます。この節では、プレイブックの肥大化を防ぐために、プレイブックを分割して取り扱う方法を紹介します。さらに、複雑なシステム構成を構築するために、柔軟なプレイブックが記載できるようなベストプラクティスも併せて確認しましょう。

3-3-1 ロールの概要

1つのプレイブックで多くのタスクを定義してしまうと、プレイブックの管理が煩雑になってしまいます。それを避けるために定義されたものが**ロール（Role）**です。ロールは、プレイブックを分割するためのコンポーネントであり、これまでに解説した Tasks セクションや、Vars セクションを別のファイルに分けて管理する仕組みとなっています（**Figure 3-6**）。

Figure 3-6　ロールの仕組み

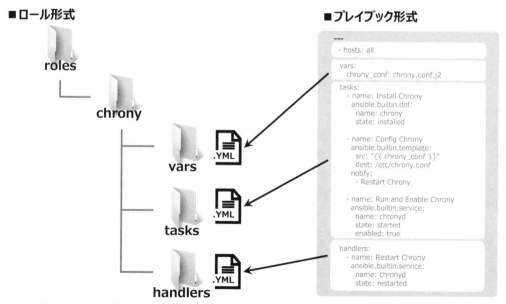

今までプレイブックに列挙してきた一連の作業内容を、
指定のディレクトリ構造とファイルの命名規則に従ってYAMLファイルに分割

■ ロールの構造

　ロールを利用する場合は、Ansible が認識できるディレクトリ構造を作成し、ファイルを配置することが必要です。さらに、ディレクトリ配下のファイルは、「main.yml」が固定で読み込まれる仕様になっています。それ以外の名前のファイルは、個別に `ansible.builtin.import_tasks` モジュールなどで読み込まなければ、動的には読み込まれません。以下に「common」、「mysql」というロールを作成したときのディレクトリ構成を示します。

◎　ロールのディレクトリ構造

```
./sec3/roles/
├── common            ## ロール名のディレクトリ
│   ├── defaults      ## [defaults] ロール内で利用するデフォルト変数のファイルを配置
│   │   └── main.yml    ##  <-- デフォルト変数の定義
│   ├── files         ## [files] コピーや、スクリプトモジュールで利用するファイルを配置
│   │   ├── XXX.txt     ##  <-- ターゲットノードに配置するファイル
│   │   ├── XXX.sh      ##  <-- ターゲットノードに配置するスクリプト
│   ├── handlers      ## [handlers] Handlers セクションを記載したファイルを配置
│   │   └── main.yml    ##  <-- ハンドラ定義
│   ├── meta          ## [meta] ロール間の依存関係を記載したファイルを配置
│   │   └── main.yml    ##  <-- ロール同士の依存関係定義
│   ├── tasks         ## [tasks] Tasks セクションを記載したファイルを配置
│   │   └── main.yml    ##  <-- タスク処理を定義
│   ├── templates     ## [templates] テンプレートモジュールで利用するテンプレートを配置
│   │   └── XXX.conf.j2 ##  <-- jinja2 テンプレート
│   └── vars          # [vars] Vars セクションを記載したファイルを配置
│       └── main.yml    ##  <-- 変数を定義
├── mysql             ## ロール名のディレクトリ
…( 省 略 )…
```

　ロールは、「webservice」といったような、いくつものプラットフォームの集合体ではなく、ミドルウェアのインストール、アプリケーションデプロイメント、OS の初期設定などの疎結合なコンポーネントに対して定義します。また、ロールのディレクトリはすべて同じ構成で作られます。たとえば、mysql というロールを構成した場合、ロールの中では、mysql のインストールや、設定ファイルの展開、またサービスの再起動など、一連の作業をロールにまとめます。

　プレイブックからロールを切り出すメリットは以下のとおりです。

- プレイブック自体の再利用をしやすくし、メンテナンス性を高める。
- ディレクトリ構造を統一することで、メンバ間で書式を統一できる。
- プレイブックの肥大化を防げる。

このようにロールを使うことによって、リソースやノウハウの共有といった DevOps の実現に大きく貢献します。

■ ロールのディレクトリ

ここからは、具体的に各ディレクトリの利用方法を紹介していきます。ロールのディレクトリは必ずしもすべてを利用する必要はなく、必要なものだけを作成して実行することが可能です。ただし、「tasks」ディレクトリだけは Tasks セクションの内容を定義するため、プレイブックの仕様上、必ず配置します。

◇ defaults ディレクトリ

defaults ディレクトリは、変数の初期値を定義した YAML ファイルを配置するディレクトリです。main.yml の中には、テンプレートやタスク内で利用する変数のデフォルト値を設定します。実践でよく利用される例としては、ミドルウェアや OS の設定テンプレートに使用する、デフォルト値の定義などです。後述の vars ディレクトリ内に定義する変数との違いは、変数値の優先順位です。前節の変数の優先順位（Table 3-7）でも紹介したように、ここで定義されるデフォルトの変数値がプレイブックの中で一番優先度の低い変数です。したがって、他の変数で容易に上書きできることを念頭に置き、デフォルト値が設定されていないとうまく動作しないときなどに利用しましょう。

Code 3-43　defaults の例: ./sec3/roles/mysql/defaults/main.yml

```
1: ---
2: mysql_port: 3306
3: mysql_bind_address: "0.0.0.0"
4: mysql_root_db_pass: ansible
```

◇ files ディレクトリ

files ディレクトリは、ansible.builtin.copy モジュールなどのファイル操作関連モジュールで、ターゲットノードに転送するファイル（src アーギュメントに指定するファイル）を配置するディレクトリです。このディレクトリには、main.yml を作成する必要はなく、配布ファイルやバイナリなどを直接配置します。

◇ handlers ディレクトリ

handlers ディレクトリは、Handlers セクションの内容を定義した YAML ファイルを配置する
ディレクトリです。利用方法はプレイブックに定義したときと同様に、notify ディレクティブで
定義されたタスク名に関連付いたタスク名を呼び出すことができます。

Code 3-44　handlers の例: ./sec3/roles/mysql/handlers/main.yml

```
1: ---
2: - name: restart mysql
3:   ansible.builtin.service:
4:     name: "{{ mysql_service }}"
5:     state: restarted
```

◇ meta ディレクトリ

meta ディレクトリは、ロールのメタ情報やロール間の依存関係を定義した YAML ファイルを配
置するディレクトリです。main.yml には、ロールの作成情報を記載しておく他にも、dependencies
というディレクティブを利用して、依存のあるロール名を定義できます。たとえば、プレイブッ
クの中に「common」、「nginx」、「mysql」の 3 つのロールが設定されており、「common」「nginx」
ロールの内容を「mysql」ロールのタスクよりも先に実行したい場合は、「mysql」のロールの meta
ディレクトリに Code 3-45 のファイルを配置することで、期待通りの順番でロールを優先実行し
てくれます。特定のバージョンで作成されたコンポーネントを利用しなければ、そのロールの実
行が保証されない場合などによく利用されます。

Code 3-45　meta の例: ./sec3/roles/mysql/meta/main.yml

```
 1: ---
 2: galaxy_info:
 3:   author: Ansible User
 4:   description: MySQL Role
 5:   company: Example.com
 6:   license: GNU General Public License
 7:   min_ansible_version: "2.9"
 8:   platforms:
 9:   - name: EL
10:     versions:
11:       - "9"
12:       - "8"
13: dependencies:
```

```
14:    - {role: common}
15:    # web_servers グループに所属するホストのみ nginx ロールを実行
16:    - {role: nginx, when: "'web_servers' in group_names"}
```

　数多くのロールが存在する場合にも、メタ情報によるロールの依存関係は再帰的にたどられます。また、dependencies ディレクティブには、when による条件判定や特定の変数値を設定することができます。しかし、ロール同士の依存関係や変数定義、条件判定を過度に行うと、思いがけない設定やロールの実行を招くことがあります。よって、必要以上に依存関係を記述せず、可能であればプレイブックからロールを呼び出す際に、依存関係を適切に満たすような順番で、ロール呼び出しを定義することをお勧めします。

◇ tasks ディレクトリ

　tasks ディレクトリは、Tasks セクションの内容を定義した YAML ファイルを配置するディレクトリです。ここでは、ロールごとに分割したタスクを定義します。ロールの場合は「tasks:」ディレクティブは定義せずに、タスクリストから記載します。

Code 3-46　tasks の例: ./sec3/roles/mysql/tasks/main.yml

```
 1: ---
 2: - name: Install the mysql packages in RedHat derivatives
 3:   ansible.builtin.dnf:
 4:     name: "{{ mysql_pkgs }}"
 5:     state: installed
 6:
 7: - name: Copy the my.cnf file
 8:   ansible.builtin.template:
 9:     src: my.cnf.j2
10:     dest: "{{ mysql_conf_dir }}/my.cnf"
11:   notify: restart mysql
12: …（省略）…
```

◇ templates ディレクトリ

　templates ディレクトリは、「ansible.builtin.template」モジュールで利用する、テンプレートファイルを配置するディレクトリです。files 同様に、このディレクトリも main.yml を作成する必要はなく、Jinja2 形式のテンプレートを配置します。Code 3-47 の例のように、mysql の設定テンプレートファイルを作成する場合は、テンプレートの拡張子を「.j2」とします。

Code 3-47　templates の例: ./sec3/roles/mysql/templates/my.cnf.j2

```
1: [mysqld]
2: datadir=/var/lib/mysql
3: socket=/var/lib/mysql/mysql.sock
4: user=mysql
5: symbolic-links=0
6: port={{ mysql_port }}
7: bind-address={{ mysql_bind_address }}
8:
9: …（省略）…
```

◇ vars ディレクトリ

　vars ディレクトリは、変数を定義した YAML ファイルを配置するディレクトリです。ここで指定される変数は、ロールの中だけで利用されるため、ロール変数と呼ばれます。変数の定義方法は、プレイブック内の vars ディレクティブと同様です。

Code 3-48　vars の例: ./sec3/roles/mysql/vars/main.yml

```
1: ---
2: mysql_pkgs:
3:   - libselinux-python3
4:   - mysql-server
5:   - python3-PyMySQL
6:
7: mysql_service: mysqld
8:
9: mysql_conf_dir: "/etc"
```

　ロールは ./roles/mysql といった単一な構成だけではなく、./roles/databases/mysql といったように階層的な構成を取ることもできます。ただし、それぞれのディレクトリ構成は、単一構成と同様に Ansible の規定に従ったディレクトリ配置にします。

　ロールは再利用性や共有したときの可読性の維持を目的としている点が重要です。そのため、あまり複雑な変数の呼び出しや依存関係を作成すると、かえって可読性が低下しロールの特長を活かすことができません。可能な限りロールのディレクトリ構成を守り、共有するメンバ同士が理解しやすいロール設計を行いましょう。

■ ロールの参照

ロールを利用することによって、今まで Tasks セクションや Handlers セクション、Vars セクションなどで定義されていた個々の項目がなくなり、プレイブック本体がとてもシンプルになります。

ロールの利用方法は複数ありますが、roles ディレクティブでの利用がよく使われます。Code 3-49 の例のように、ロールを適用するターゲットノードを変更したり、ロールに対して条件判定や変数定義もできるため、meta を利用した依存関係はなるべく避けるようにしましょう。

Code 3-49   playbook の例: ./sec3/site.yml

```
 1: ---
 2: - name: Common configuration
 3:   hosts: all
 4:   become: true
 5:   roles:
 6:     - common
 7:
 8: - name: Deploy MySQL and Configure the databases
 9:   hosts: db_servers
10:   become: true
11:   roles:
12:     - name: mysql
13:       when: ansible_os_family == "RedHat"
```

ディレクティブではなく、タスクとしてロールを参照する場合は、ansible.builtin.import_role モジュールや ansible.builtin.include_role モジュールを利用します。両モジュールの違いはロールの読み込みが静的か動的かです。使い分けは「静的読み込みと動的読み込み」で後述します。両モジュールの利用例は Code 3-50 のとおりです。

Code 3-50   モジュールによるロール利用の例: ./sec3/site_include_import.yml

```
 1: ---
 2: - name: Common configuration
 3:   hosts: all
 4:   become: true
 5:
 6:   tasks:
 7:     # ロールの動的読み込み
 8:     - name: Include common role
 9:       ansible.builtin.include_role:
10:         name: common       # ロール名
```

```
11:
12: - name: Deploy MySQL and Configure the databases
13:   hosts: all
14:   become: true
15:
16:   tasks:
17:     # ロールの静的読み込み
18:     - name: Import common role
19:       ansible.builtin.import_role:
20:         name: mysql        # ロール名
21:       when: ansible_facts.os_family == "RedHat"
```

3-3-2　プレイブックの活用

　ここまでの構文が理解できれば、十分に Ansible の導入ができますが、最後に大規模環境において
てプレイブックを取り扱う際の注意点を紹介します。

■ タスクの実行順序

　ロールを含め、基本的にプレイ内のタスクは、上から記載した順番通りに実行されます。しか
し、厳密には以下のような順序で処理が進みます。

（1）変数の読み込み

（2）ファクト収集

（3）事前タスク（pre_tasks）の実行

（4）事前タスク（pre_tasks）の実行による通知ハンドラ処理

（5）roles ディレクティブによるロールの実行

（6）タスクの実行

（7）ロールやタスクの実行による通知ハンドラ処理

（8）事後タスク（post_tasks）の実行

（9）事後タスク（post_tasks）の実行による通知ハンドラ処理

　ここで新たに追加されるものは、「pre_tasks」と「post_tasks」ディレクティブの存在です。
これらは名前のとおり、タスクの前後に行われるタスクを定義します。単純なアプリケーション

デプロイメントやミドルウェアの構成変更であれば利用する必要はありませんが、システムレイヤを跨ぐオーケストレーションなど、1つのプレイブックでシステム全体構成を取り扱う場合などには、とても有効なディレクティブです。

Code 3-51　pre_tasks/post_tasks の例

```
 1: ---
 2: - hosts: servers
 3:   gather_facts: false
 4:
 5:   # 事前タスク
 6:   pre_tasks:
 7:     - name: Updated Packages
 8:       ansible.builtin.dnf:
 9:         name: "*"
10:         state: latest
11:       notify: Dnf updated
12:
13:   # ロールの利用
14:   roles:
15:     - common
16:     - nginx
17:     - mysql
18:     - my_app
19:
20:   # タスク
21:   tasks:
22:     - name: Sync Database
23:       ansible.builtin.command:
24:         cmd: /my_app/venv/bin/python /my_app/code/webapp/manage.py syncdb ⇒
25: --migrate --noinput
26:       notify: Check synced data
27:
28:   # ハンドラ
29:   handlers:
30:     - name: Dnf updated
31:       ansible.builtin.debug:
32:         msg: "Packages are updated. Check the processes."
33:
34:     - name: Check synced data
35:       ansible.builtin.command:
36:         cmd: /my_app/venv/bin/python /my_app/code/webapp/data_check.py
37:
38:   # 事後タスク
39:   post_tasks:
```

```
40:     - name: Reboot System
41:       ansible.builtin.reboot:
42:         reboot_timeout: 300
```

　「pre_tasks」や「post_tasks」を利用する場合には、それぞれのハンドラの実行順序を意識して、利用してください。

■ 外部ファイルの読み込み

　これまではプレイブックを肥大化させないために、ロールを活用したタスクのカテゴリ分けと再利用方法を紹介しました。このように、実行指定したプレイブックとは別の外部ファイルからタスクなどを呼び出す方法としては、ロールの他にも「ansible.builtin.import_xxx」や「ansible.builtin.include_xxx」（xxx は、tasks や vars、role など）が存在します。これらは、プレイブックを補助するユーティリティモジュール群の一つとして取り扱われており、タスクとして他のファイルを読み込むことができます。ただし、「ansible.builtin.import_xxx」と「ansible.builtin.include_xxx」は、外部ファイルを読み込むタイミングを考慮して使い分けが必要です。利用する前に、実行順序とこれらの規則を正しく理解しておきましょう。

- ansible.builtin.import_xxx モジュール（静的外部ファイル読み込み）

　ansible-playbook コマンドを実行し、プレイブックを解析するときに実行されます。つまり、プレイブックを python の実行スクリプトに変換するタイミングで外部ファイルに定義されたタスクも前処理されます。また ansible.builtin.import_xxx のタスクに利用した tags などのオプションは、外部ファイル内に含まれるすべてのタスクに委譲される点に注意してください。具体的なモジュール名としては、ansible.builtin.import_playbook、ansible.builtin.import_role、ansible.builtin.import_tasks があります。

- ansible.builtin.include_xxx モジュール（動的外部ファイル読み込み）

　プレイブック実行中に ansible.builtin.include_xxx がタスクとして呼ばれたタイミングで、動的に外部ファイルを呼び出して実行します。また ansible.builtin.include_xxx を利用したときのタスクオプションは外部ファイルの呼び出し評価にのみ適用され、外部ファイル内のタスクには委譲されません。具体的なモジュール名としては、ansible.builtin.include_role、ansible.builtin.include_tasks、ansible.builtin.include_vars があります。

　これらのモジュールは、Ansible バージョン 2.4 から厳密に定められたものですが、それ以前の

バージョンでは「include」モジュールが利用されていました。しかし、include は利用される位置によって異なるタイミングで実行されます。そのため、安易に外部ファイルを呼び出すと、思いもよらないタイミングでタスクが実行されることがありました。このような複雑さを回避するため、ansible-core2.16 で廃止予定の非推奨機能になりました。代わりに ansible.builtin.import_xxx と ansible.builtin.include_xxx を利用します。逆に言うと、利用者はプレイブックを作成する段階で、これらを厳密に分けて定義する必要が出てきたと言えます。

なお、roles ディレクティブによるロールは「ansible.builtin.import_role」同様に前処理として静的に読み込まれます。そのため、動的に読み込みたい場合は「ansible.builtin.include_role」を利用してください。

◇ 静的読み込みと動的読み込みの使い分け

では、これらのモジュールをプレイブックで利用する際の注意点を紹介します。利用時は、これらを意識しながら使い分けるようにしましょう。

(1) ループの利用は動的読み込み（ansible.builtin.include_xxx）

外部ファイルの読み込みをループしたい場合は、ansible.builtin.include_xxx と loop（ループ）を組み合わせて利用します。なお、ループを利用する場合は ansible.builtin.import_xxx が利用できません。

Code 3-52　ループの利用

```
1:  tasks:
2:    - name: Include tasks
3:      ansible.builtin.include_tasks:
4:        file: "setup_task{{ item }}.yml"     ## setup_task[1-4].yml
5:      loop: "{{ range(1, 4 + 1, 1) }}"       ## 1 から 4 のループ
```

(2) 特定タスクの実行は静的読み込み（ansible.builtin.import_xxx）

外部ファイル内に定義されたタスクを、ansible-playbook コマンドの「-t」または「--tags」や「--start-at-task」オプションで実行制御する場合は、事前に tags の情報やタスクの情報が必要なため、ansible.builtin.import_xxx を利用します。

Code 3-53　特定タスクの実行

```
 1:  tasks:
 2:    - name: Import setup_task.yml
 3:      ansible.builtin.import_tasks:
 4:        file: setup_task.yml
 5:
 6:    ### ansible-playbook -t rocky setup_task.yml で以下のタスクのみ実行される
 7:    - name: Upgrade all packages
 8:      ansible.builtin.dnf:
 9:        name: '*'
10:        state: latest
11:      tags:
12:        - rocky
```

（3）外部ファイル名の変数化

　ansible.builtin.import_xxx を利用して外部ファイル名を変数化して読み込む場合、ホスト変数やグループ変数など、インベントリリソースに定義された変数は利用できません。これは変数の読み込みタイミングに依存するためです。

（4）ハンドラ呼び出し

　ansible.builtin.include_xxx を利用し、外部ファイル内でハンドラを定義しても、実行プレイブックからの notify で呼び出すことはできません。notify は必ず handler が事前定義してあることを確認してから実行されるためです。ただし、ansible.builtin.include_xxx のタスク自体をハンドラタスクとして指定することは可能です。その際は、外部ファイルで定義されたタスクがすべて実行されます。なお、Ansible バージョン 2.8 から ansible.builtin.import_xxx のタスク自体をハンドラタスクとして指定することはできなくなりました。

■ プレイブック作成の手引き

　これまでに紹介した以外にも、まだ取り扱っていないディレクティブや新たなモジュールは数多く存在します。実際は公式ドキュメントを確認しながらテストを行い、プレイブックを自身で構築していきます。そのため、プレイブック作成の大半は、環境に適したモジュールを探す、もしくは既存のスクリプトをコマンドモジュールから呼び出すといった作業になってしまいます。

　しかしながら、プレイブックを作成する上で忘れてはいけないことは、YAML 書式によるシンプルさを保持することです。せっかく標準化された書式を使っていても、可読性を損ねてしまっ

ては、シェルスクリプトとまったく変わりません。シンプルなプレイブックで処理を実行できるのが、Ansible を使う最大のメリットです。そのためには、以下のことを守ると比較的シンプルなプレイブックが実現できます。

- 肥大化させない

  用途ごとにプレイブックを分割し、プレイブックの肥大化を避けるようにしましょう。プレイブックが肥大化すると、プレイブックの運用管理だけでなく、実行時においてどこでエラーが発生したのかが特定しづらくなります。

- 依存関係は最小限に抑える

  ロールの dependencies ディレクティブや、when などを多用したタスクの実行は避けるようにしましょう。

- 意図に沿った場所で変数定義を行う

  Ansible は数多くの変数定義ができますが、それぞれ用途が異なることに注意し、意図に沿った場所で変数定義を行いましょう。

- YAML の書式ルールを決める

  タスク名や、変数名、インデントの数など、共有するメンバ同士で事前にプレイブックの書式設計を行っておきましょう。

プレイブックを作成する場合は一度に記載するのではなく、タスクごとに実行結果を確認しながら作成を行うと、エラーの影響範囲が特定されてとても効率良く作成できます。特に、変数値の中身や、タスク実行処理の結果などは、ansible.builtin.debug モジュールや、第 5 章で紹介する Playbook Debugger を利用しながら確認を行うと便利です。

3-4 実践的なプレイブックの利用 〜Linux 構成管理〜

さて最後に、ここまで学んだことを活かして実践的な Ansible の利用をしてみましょう。第 1 章でも学んだように、Ansible はさまざまな用途で活用できる非常にパワフルなツールですが、その中でもよく使われる Linux 構成管理について見ていきます。

Ansible には、第 2 章でインストールした ansible-core に含まれるものだけでも数多くの Linux

構成管理用モジュールが用意されています。さらにコミュニティなどから配布されているコレクションを追加することで、従来は手作業で OS インストール後に実行してきたようなさまざまな構成管理作業を自動化できます。

　専用のモジュールが用意されていない作業でも、直接ターゲットノード上でコマンドの実行を指示できる「ansible.builtin.command」や「ansible.builtin.shell」のモジュールも用意されているので、これらを駆使することで非常に柔軟な自動処理を実現できます[6]。

3-4-1　全体構成

　今回は、Linux OS インストール後の初期セットアップ作業を自動化するプレイブックを構築します。ここでは例として、コントロールノードから Rocky Linux 9.1 をインストールした 3 台のターゲットノードを構成します（Figure 3-7）。

Figure 3-7　Linux 構成管理の全体構成例

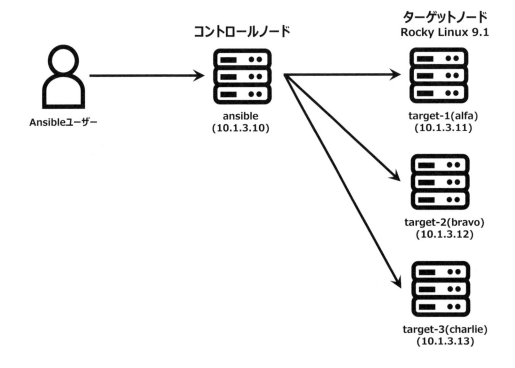

＊ 6　ただし、これらのモジュールは when ディレクティブなどを組み合わせた条件判断をしない限り、必ず実行されてしまう（冪等性が担保されない）点には注意してください。

　各ノードは Ansible コントローラノードから自動構成管理ターゲットとして利用可能な状態としてセットアップされていることとします。これらのセットアップ手順は、第 2 章の内容を参照してください。また、前提として、各ノードからはインターネットへのアクセスが可能なことと、固定 IP アドレスが振られていることを確認してください。

3-4-2　プレイブックの概要

　それではまず、Linux 構成管理において ansible-playbook コマンドで指定するインベントリとプレイブックの 2 つのファイルについて見ていきましょう。

■ Linux 構成管理のインベントリファイル

　インベントリファイルには、各ノードのホスト名と SSH 接続用の IP アドレスを定義しています。今回対象のディストリビューションは Rocky Linux 9.1 のみですが、今後 CentOS や Debian など、別の種類のディストリビューションが増えても分類しやすいように、グループを多段構成としています。

Code 3-54　インベントリファイル: ./sec3/linux_configuration/inventory.ini

```
1: [rocky_linux]
2: alfa ansible_host=10.1.3.11
3: bravo ansible_host=10.1.3.12
4: charlie ansible_host=10.1.3.13
5:
6: [linux_servers:children]
7: rocky_linux
```

■ Linux 構成管理のプレイブック

　Linux 構成管理では、ansible-playbook コマンドで linux_configuration.yml のプレイブックを指定します。作業タスク間に依存関係はなく、対象となるターゲットノードグループを途中で変更する必要がないためプレイは 1 つだけで対応可能です。

　今回は common ロールを作成してユーザー管理やパッケージ管理など、初期設定として実施したいタスクを実装します。また、メンテナンス性を考慮し、common ロールの中でもいくつかの作業カテゴリに階層化したロールを構成します。一見複雑に見えるかもしれませんが、セキュリ

ティ管理やログ管理など初期設定で実施したい内容が増えた場合でも、下層のロールを追加する
だけで対応できるのでメンテナンスがしやすくなります。それぞれのロールについて詳しくは後
述しますので、ここでは全体構成だけをおおまかに把握しておいてください。

　プレイ内では、初期設定の処理カテゴリごとにロールを呼び出して実行しています。プレイに
は become: true が設定されており、管理者権限で実行されることが分かります。実際の処理を
ロールとすることで、プレイブック自体の可読性を高めるだけではなく、コードの再利用性も高
めています。また、タスクに対してタグを設定することで、部分的なタスクの実行も可能としてい
る点も確認しておきましょう。タグを指定したコマンド実行については、第 4 章で紹介します。

Code 3-55　Linux 構成管理のプレイブック: ./sec3/linux_configuration/linux_configuration.yml

```
 1: ---
 2: - name: Initialize OS setting for Linux Servers
 3:   hosts: linux_servers
 4:   become: true
 5:
 6: ## プロキシ設定が必要な場合はコメントを外して指定する
 7: ##  environment:
 8: ##    http_proxy: "http://proxy.example.local:8080"
 9: ##    https_proxy: "http://proxy.example.local:8080"
10:
11: ## 初期設定処理を行う各ロールを順に呼び出す
12:   tasks:
13:     - ansible.builtin.import_role: name=common/hostname   ## （1）ホスト名管理
14:       tags: hostname
15:     - ansible.builtin.import_role: name=common/locale     ## （2）ロケール管理
16:       tags: locale
17:     - ansible.builtin.import_role: name=common/packages   ## （3）パッケージ管理
18:       tags: packages
19:     - ansible.builtin.import_role: name=common/users      ## （4）ユーザー管理
20:       tags: users
21:
22: ## 初期設定が終わったら再起動を行う
23:   post_tasks:
24:     ## 再起動後に自動的に再接続をして処理を継続
25:     - name: Restart target nodes
26:       ansible.builtin.reboot:
27:     ## 接続を待機するタスク（実施しなくても問題ない）
28:     - name: Waiting connection
29:       ansible.builtin.wait_for_connection:
30:       delay: 5
31:       timeout: 60
```

今回は、すべての初期設定を行った後に post_tasks にてターゲットノードを再起動します。ここで ansible.builtin.command や ansible.builtin.shell などのモジュールを使って直接コマンドで再起動をしてしまうと、SSH セッションが切れ、その後のタスクが進まなくなってしまいます。これを回避するために、以前は async や poll といったディレクティブを駆使して、後続のタスクを進める必要がありました。

しかし、Ansible バージョン 2.7 以降で導入された「ansible.builtin.reboot」モジュールを利用することで、接続を維持したまま再起動の処理が可能となりました。これにより後続タスクも再起動後に問題なく継続して実行されます。ここでは分かりやすくするために、例として後続のタスクを「ansible.builtin.wait_for_connection」モジュールで表現していますが、実際にはなくても動作としては問題ありません。

■ ロールの基本構成

プレイブックの手順に沿って、あらかじめ以下のようなタスクグループでロールディレクトリを分けておきます。ここでは概要だけを解説し、各ロールの詳細は後述します。

◎ Linux 構成管理のプレイブックディレクトリ構造

```
./sec3/linux_configuration/
   ├──group_vars    ## グループ変数を定義（今回は利用しないので用意しなくともよい）
   │    └──linux_servers.yml
   ├──host_vars      ## ホスト変数を定義（今回は利用しないので用意しなくともよい）
   │    ├──alfa.yml
   │    ├──bravo.yml
   │    └──charlie.yml
   ├──inventory.ini
   ├──linux_configuration.yml    ## Linux 構成管理を行うプレイブック
   └──roles
        └──common   ## 全サーバー共通で利用するロール
             ├──hostname   ## ホスト名管理を行うロール
             ├──locale      ## ロケール管理を行うロール
             ├──packages   ## パッケージ管理を行うロール
             └──users       ## ユーザー管理を行うロール
```

ロールを利用すると、デフォルトでは各ロールの tasks ディレクトリ内にある main.yml が自動的に読み込まれます。今回は各ロールのタスクが少ないため、main.yml の中で各処理のほぼすべてのタスクを定義します。唯一、users ロールだけタスクを一部別ファイルに切り分けていますが、この理由は後ほど解説します。もし、他のロールでの処理においてもタスクが肥大化する場

合は、main.yml から一部のタスクを別ファイルに切り出すことで、メンテナンス性や可読性を向上させます。タスクの切り分けのより詳細な例は、第 4 章で紹介します。

それでは、各ロールの詳細を呼び出し順に見ていきましょう。

3-4-3　ホスト名管理

ホスト名管理を行う hostname ロールでは、インベントリファイルで定義されているホスト名を各ターゲットノードに設定します。実際の環境では、ドメイン名などを考慮して FQDN などを設定するケースもありますが、ここでは分かりやすさを優先してショートネームだけを設定します。

■ hostname ロールのディレクトリ構成

hostname ロールで使用するディレクトリは tasks のみです。

◎　hostname ロールのディレクトリ構造

```
./sec3/linux_configuration/roles/common/hostname
    └――tasks
        └――main.yml
```

hostname ロールでは実行するタスクが少ないので、main.yml のみで定義します。もしも、ドメイン名の定義や FQDN の設定など、実環境において処理させたいタスクが多くなる場合は、YAML ファイルの分割も検討してみてください。

■ hostname ロールのタスク詳細

hostname ロールのタスクでは、「ansible.builtin.hostname」モジュールを利用してホスト名（ショートネーム）を定義します。この時、各ターゲットノードのホスト名はインベントリファイルで定義しているホスト名（inventory_hostname_short 変数）を参照します。

Code 3-56　hostname ロールのタスク: ./sec3/linux_configuration/roles/common/hostname/tasks/main.yml

---

```
1: ---
2: ## (1) ホスト名の設定
3: - name: Set a hostname
```

```
4:    ansible.builtin.hostname:
5:      name: "{{ inventory_hostname_short }}"
```

（1）ホスト名の設定

　インベントリファイルで定義したホスト名をターゲットノードに設定します。前述した定義済み変数「inventory_hostname_short」をここでは参照することで、ロールの再利用性を高めている点に注目しましょう。ホスト名の設定では、定義済み変数「inventory_hostname」も利用できますが、「inventory_hostname_short」を指定した場合は、インベントリファイルで定義したホスト名の最初のドット（.）までのショートネームを参照します。

3-4-4　ロケール管理

　ロケール管理を行う locale ロールでは、OS で利用するタイムゾーンやシステムロケール（言語）、キーマップなどをターゲットノードに設定します。しかし、ansible-core に含まれる標準コレクションでは、これらの設定を行うモジュールが含まれていません。すべての処理を「ansible.builtin.command」モジュールで定義することも可能ですが、ここではコミュニティで開発・管理されている「community.general」コレクションを追加し、その中に含まれるモジュールを活用しつつ設定を行います。

■ コレクションの追加

　ロケール管理を効率良く行うために、ここではコミュニティのコレクション「community.general」を追加します。ここで利用している ansible-galaxy コマンドの詳細は、「5-2 Ansible Galaxy」を参照してください。

◎　追加コレクションのインストール

```
$ cd PATH_TO/effective_ansible/sec3/linux_configuration/
$ ansible-galaxy collection install community.general
$ ansible-galaxy collection list
Collection         Version
---------------- -------
community.general 6.6.0
```

■ locale ロールのディレクトリ構成

locale ロールで使用するディレクトリは defaults と tasks の 2 つです。ここでは、設定するロケールの値をロール変数ではなくデフォルト変数としている点に注目してください。

◎　locale ロールのディレクトリ構造

```
./sec3/linux_configuration/roles/common/locale
    ├──defaults
    │    └──main.yml
    └──tasks
         └──main.yml
```

locale ロールでは実行するタスクが hostname ロールよりも多くなりますが、分割するほどでもないので今回も main.yml のみでタスクを定義します。

■ locale ロールの変数

locale ロールの変数定義では、ロール変数ではなくデフォルト変数を利用します。前述のとおり、デフォルト変数は優先順位が低いため他の変数で上書きすることが可能です。このようにすることで、locale ロールを利用する際にホスト変数やタスク変数などで上書き可能とし、利便性を向上させています。もしここでロール変数で定義してしまった場合は、変数の優先順位が高くなってしまい、他の変数での上書きがしづらくなってしまうので注意しましょう。

Code 3-57　locale ロールの変数定義: ./sec3/linux_configuration/roles/common/locale/defaults/main.yml

```
1: ---
2: locale_timezone: "Asia/Tokyo"
3: locale_locale: "ja_JP.UTF-8"
4: locale_keymap: "jp"
```

今回は言語およびキーマップに日本語（ja_JP.UTF-8）と日本語キーボード（jp）を指定しています。しかし、ターゲットノードに日本語ロケールのパッケージがインストールされていない場合は、このような指定をしてもエラーとなりますのでご注意ください。それぞれのノードでどのような値が指定可能なのかは、「timedatectl list-timezones」、「localectllist-locales」、「localectl list-keymaps」などの Linux コマンドで確認できます。

日本語ロケールを利用するためのパッケージについては「Column ディストリビューションごとの日本語ロケールパッケージ」も併せて参照してください。

Column　ディストリビューションごとの日本語ロケールパッケージ

　本章におけるロケール管理では、ターゲットノードの OS インストールにおいて日本語（Japanese）が選択されていることを前提として解説しております。つまり、すでに日本語ロケールがインストール済みであることを前提としています。localctl コマンドなど、それぞれのノードで利用可能なロケールの一覧を表示する方法についても紹介しましたが、もしもあとからロケールを追加したくなった場合についても紹介します。

　代表的な Linux ディストリビューションでは、各言語のロケールがパッケージとして配布されています。もしも現時点で日本語ロケールをインストールしていなくとも、日本語ロケールの含まれるパッケージをインストールすれば、今回利用したプレイブックで日本語ロケールの選択ができるようになります。しかしながら、どのパッケージを利用すればいいかは、ディストリビューションによって違うため注意が必要です。Table 3-10 において、主要な Linux ディストリビューションにおける日本語ロケールパッケージの名前を記載していますので、参考としてご覧ください。

Table 3-10　主要なディストリビューションでの日本語ロケールパッケージ

代表的な Linux ディストリビューション	パッケージ管理システム	日本語ロケールパッケージ
Rocky Linux 9 CentOS Stream 9 Fedora 38	DNF	glibc-langpack-ja
CentOS 7	YUM	glibc-common
Ubuntu 22.04 LTS Ubuntu 23.04	APT	anguage-pack-ja
Debian 11	APT	locales-all

　このようにディストリビューションによって利用するパッケージ名称が異なるため、これをプレイブックの中で自動で判別させるとなると、ホスト変数で指定したり、複雑な条件判断が必要となる可能性があります。どのみちターゲットノードのインストール時には何かしらの言語を選択しますので、無理にプレイブックに含めずに、今回紹介しているように、プレイブックをシンプルに保つために割り切ってしまうのもよいでしょう。

■ locale ロールのタスク詳細

locale ロールのタスクでは、「community.general.timezone」モジュールを利用してタイムゾーンを定義します。ロケール設定はモジュールが用意されていないので「ansible.builtin.command」モジュールで「localectl」コマンドを実行します。ansible.builtin.command モジュールでは冪等性が担保されず、タスクを再実行すると都度コマンドが実行されます。今回はコマンドを何度実行しても問題はありませんが、実行結果に「changed」と出力されてしまう点には留意してください。

> タスクで「changed_when: false」のディレクティブを指定することで「changed」の出力をさせないことも可能ですが、この場合は処理を行ったとしても changed にはならないので注意してください。

キーマップの設定においては一部の Linux ディストリビューションにおいて必ずエラーとなってしまうケースがあります。そのため、block と rescue のディレクティブを利用してエラーハンドリングしています。

Code 3-58　locale ロールのタスク: ./sec3/linux_configuration/roles/common/locale/tasks/main.yml

```
 1: ---
 2: ## （1）タイムゾーンの設定
 3: - name: Set the timezone
 4:   community.general.timezone:
 5:     name: "{{ locale_timezone }}"
 6:
 7: ## （2）ロケールの設定
 8: - name: Set the system locale
 9:   ansible.builtin.command: localectl set-locale LANG={{ locale_locale }}
10:
11: ## (3) キーマップの設定
12: - name: Set the keymap
13:   block:
14:     - ansible.builtin.command: localectl set-keymap {{ locale_keymap }}
15:       register: keymap_cmd_result
16:       failed_when: keymap_cmd_result.rc == 1
17:   rescue:
18:     - ansible.builtin.debug: msg='このノードは localectl set-keymap に対応して⇒
19: いません 。'
```

（1）タイムゾーンの設定

　デフォルト変数として定義した「locale_timezone」を参照し、「community.general.timezone」モジュールを利用してタイムゾーンを設定しています。

（2）ロケールの設定

　デフォルト変数として定義した「locale_locale」を参照し、「ansible.builtin.command」モジュールから「localectl」コマンドを実行させてシステムロケールを設定しています。このモジュールでは冪等性は担保されず、必ず毎回コマンドが実行されます。また、タスクの実行結果も必ず「changed」となります。

（3）キーマップの設定

　デフォルト変数として定義した「locale_keymap」を参照し、「ansible.builtin.command」モジュールから「localectl」コマンドを実行させてキーマップを設定しています。冪等性の担保されないモジュールでの実行ですので、本来であれば前項のロケールの設定と同様に、コマンド実行がエラーとなってもタスクの実行結果は必ず「changed」となります。しかし、このキーマップ設定のタスクにおいては、一部のディストリビューションにおいて必ずコマンドが失敗するということが分かっています。そこで「block」および「rescue」のディレクティブを用いてエラーハンドリングしています。

　ただし「ansible.builtin.command」モジュールでのタスク実行は、そのままでは必ず「changed」となりエラーハンドリング対象となりません。そこで ansible.builtin.command モジュールでのコマンド実行結果をいったんレジスタ変数「keymap_cmd_result」に格納し、「failed_when」ディレクティブで「コマンド終了コード（rc）が 1」の場合に「failed」となるようにしています。この結果、「localectl set-keymap」コマンドが失敗した場合は、rescue で指定している「ansible.builtin.debug」モジュールによるメッセージが表示されます。

> 　Ubuntu では「localectl set-keymap」コマンドは失敗してしまいます。「dpkg-reconfigure keyboard-configuration」や「localectl set-x11-keymap」のコマンドであればキーマップの設定もできますが、ここではプレイブックを極力シンプルに保つために採用していません。

3-4-5　パッケージ管理

　パッケージ管理を行う packages ロールでは、すでにシステムにインストールされているパッケージの更新と、特定のパッケージの追加インストールを行います。パッケージ管理をする「ansible.builtin.dnf」モジュールは本章の中でもすでに何回か登場していますが、ここではより汎用性を高めて、DNF パッケージを利用していない他のディストリビューションでも使えるようなロールとして構築していきます。条件分岐を使うことで、1 つのロールで複数のディストリビューションに対応が可能です。

■ packages ロールのディレクトリ構成

　packages ロールで使用するディレクトリは tasks と vars の 2 つです。先ほどの locale ロールと違い、ここではロール変数を定義します。しかし、main.yml ではなく、各ディストリビューションに合わせた個別の YAML ファイルを配置します。パッケージによっては、設定ファイルを配置したり、編集したりする必要がありますが、ここでは分かりやすさを優先し、そのような処理が必要ないパッケージを導入します。設定ファイルの配置や編集については、後述のタスクや第 4 章で出てきますので、そちらで見ていきましょう。

◎　packages ロールのディレクトリ構造

```
./sec3/linux_configuration/roles/common/packages
├──tasks
│  └──main.yml
└──vars
    ├──apt.yml    # APT パッケージを使うディストリビューション向けロール変数
    ├──dnf.yml    # DNF パッケージを使うディストリビューション向けロール変数
    └──yum.yml    # YUM パッケージを使うディストリビューション向けロール変数
```

　packages ロールでも locale ロールと同様に分割するほどタスクが多くないので、今回も main.yml のみでタスクを定義します。

■ packages ロールの変数

　packages ロールの変数定義では、ディストリビューションが利用するパッケージシステムの種類ごとに個別の YAML ファイルを配置します。これらのファイルは「when」ディレクティブを用いた条件分岐により、ターゲットノードに最適なファイルがロール変数として読み込まれます。

ここでは例として、開発者向けツールキットと cowsay、figlet、vim、neofetch または fastfetch をそれぞれインストールします。これらのパッケージは参考例として記載しているだけですので、状況に合わせて適宜変更してください。後述のタスクの中では cowsay、figlet、neofetch または fastfetch の各パッケージに含まれるコマンドを利用します。

YUM および DNF のパッケージ管理システムの場合は、今回のインストールのために epel-release のリポジトリを追加する必要があります。通常、リポジトリの管理には「`ansible.builtin.apt_repository`」や「`ansible.builtin.yum_repository`」のモジュールを利用しますが、epel-release リポジトリに関してはリポジトリを追加するためのパッケージが提供されていますので、今回は他のパッケージと同じように「`ansible.builtin.dnf`」や「`ansible.builtin.yum`」モジュールでインストールします。

> EPEL は Extra Packages for Enterprise Linux の略称で、Enterprise Linux に対して高品質な追加パッケージ群の作成、維持、管理をします。EPEL リポジトリとして公開されており、標準リポジトリに含まれていない追加パッケージを提供します。今回は簡易的な利用をしましたが、実際にはディストリビューションごとに推奨されている利用方法がプロジェクトから提供されていますので、こちらも併せてご確認ください。
>
> https://docs.fedoraproject.org/en-US/epel/

yum.yml のファイルのみ、neofetch と fastfetch が含まれませんが、これは CentOS 7 などが利用する YUM のリポジトリにはどちらのパッケージも存在しないからです。後述するタスクでこの部分が関係しますので留意してください。

Code 3-59　APT 利用ディストリビューション向けのロール変数定義:
　　　　　　./sec3/linux_configuration/roles/common/packages/vars/apt.yml

```
1: ---
2: required_packages:
3:   - "build-essential"
4:   - "cowsay"
5:   - "figlet"
6:   - "neofetch"
7:   - "vim"
8:   - "*"
```

Code 3-60　DNF 利用ディストリビューション向けのロール変数定義:
　　　　　./sec3/linux_configuration/roles/common/packages/vars/dnf.yml

```
1: ---
2: required_packages:
3:   - "epel-release"
4:   - "@Development Tools"
5:   - "cowsay"
6:   - "figlet"
7:   - "fastfetch"
8:   - "vim"
9:   - "*"
```

Code 3-61　YUM 利用ディストリビューション向けのロール変数定義:
　　　　　./sec3/linux_configuration/roles/common/packages/vars/yum.yml

```
1: ---
2: required_packages:
3:   - "epel-release"
4:   - "@Development Tools"
5:   - "cowsay"
6:   - "figlet"
7:   - "vim"
8:   - "*"
```

■ packages ロールのタスク詳細

　packages ロールのタスクでは、まず最初にターゲットノードごとで利用しているパッケージ管理システムに応じたロール変数定義ファイルをインクルードして読み込みます。ファクト変数に含まれる「ansible_pkg_mgr」の変数を参照することで、どのパッケージ管理システムを利用しているかが分かりますので、これをもとに読み込むべきファイルを選択します。あとは「when」ディレクティブを用いた条件分岐により、それぞれのパッケージ管理システムに適したモジュールでパッケージをインストールします。

Code 3-62　packages ロールのタスク: ./sec3/linux_configuration/roles/common/packages/tasks/main.yml

```
 1: ---
 2: ## （1）パッケージ管理システムごとのロール変数読み込み
 3: - name: Load the package management system specific variables
 4:   ansible.builtin.include_vars:
 5:     file: "{{ ansible_pkg_mgr }}.yml"
 6:
 7: ## （2）APT パッケージのインストールと更新
 8: - name: Install and Update the APT packages
 9:   ansible.builtin.apt:
10:     name: "{{ item }}"
11:     state: latest
12:     update_cache: true
13:   loop: "{{ required_packages }}"
14:   when: ansible_pkg_mgr == "apt"
15:
16: ## （3）DNF パッケージのインストールと更新
17: - name: Install and Update the DNF packages
18:   ansible.builtin.dnf:
19:     name: "{{ item }}"
20:     state: latest
21:     update_cache: true
22:   loop: "{{ required_packages }}"
23:   when: ansible_pkg_mgr == "dnf"
24:
25: ## （4）YUM パッケージのインストールと更新
26: - name: Install and Update the YUM packages
27:   ansible.builtin.yum:
28:     name: "{{ item }}"
29:     state: latest
30:     update_cache: true
31:   loop: "{{ required_packages }}"
32:   when: ansible_pkg_mgr =="yum"
```

（1）パッケージ管理システムごとのロール変数読み込み

　ansible-playbook コマンド実行時に、自動的に収集されるファクト情報に含まれる「ansible_pkg_mgr」変数の値からパッケージ管理システムを判断します。この変数の値には「apt」や「dnf」といった文字列が格納されます。今回は、それらの値と同じ名前のロール変数定義 YAML ファイルを配置していますので、「ansible.builtin.include_vars」モジュールを使い、直接ファイル名を指定して変数をインクルードしています。

（2）〜（4）各管理システムに応じたパッケージインストールと更新

　同様に、（2）〜（4）のタスクはいずれも「ansible_pkg_mgr」変数を活用し、「when」ディレクティブで条件分岐をしながら該当するターゲットノードだけタスクを実行するように定義しています。また、「loop」ディレクティブを用いて、ロール変数「required_packages」のリストを上から順に 1 つずつ読み出しながら、各パッケージ管理モジュールでインストールや更新を行っています。

> 　ここではパッケージ管理システムごとに個別のモジュールを利用していますが、Ansible には DNF や APT などのパッケージ管理システムを意識せずに使える「ansible.builtin.package[*7]」モジュールも存在します。ansible.builtin.package モジュールでは、ターゲットノードのファクト情報をもとに利用するパッケージ管理システムを自動で判断します。

　「required_packages」変数に含まれるインストール対象が単一のパッケージだけであれば、パッケージ管理モジュールの「name」アーギュメントに「required_packages」の変数名を直接指定することも可能ですが、今回のようにグループインストールなどのさまざまな種類の指定が混在する場合では、loop を使って 1 つずつインストールや更新の処理をするほうが確実です。たとえば、もし今回のケースで loop を用いないで直接「name: "{{ required_packages }}"」と指定した場合、パッケージがコンフリクトしてエラーとなってしまいます。

　各パッケージ管理モジュールで使用している「update_cache: true」のアーギュメントは、パッケージキャッシュを更新させる働きがあります。パッケージを最新版に更新したい場合は「state: latest」のアーギュメントと併せて使います。また、今回はインストールするパッケージのリストの中に「*」がありましたが、これは「state: latest」アーギュメントと一緒に指定することで、「システムにインストール済みのパッケージを最新版に更新する」という指示を表します。インストール済みパッケージを更新するときによく使いますので、是非覚えておきましょう。

3-4-6　ユーザー管理

　ユーザー管理を行う users ロールでは、新規ユーザーの登録や各ユーザーの権限を設定します。また、ユーザーの登録に必要となるグループの作成もここで併せて実施します。

＊7　https://docs.ansible.com/ansible/latest/collections/ansible/builtin/package_module.html

■ コレクションの追加

ユーザー管理を効率良く行うために「ansible.posix」のコレクションを追加します。ここで利用している ansible-galaxy コマンドの詳細は、「5-2 Ansible Galaxy」を参照してください。

◎　追加コレクションのインストール

```
$ cd PATH_TO/effective_ansible/sec3/linux_configuration/
$ ansible-galaxy collection install ansible.posix
$ ansible-galaxy collection list
Collection        Version
----------------- -------
ansible.posix     1.5.2
community.general 6.6.0
```

■ users ロールのディレクトリ構成

users ロールで使用するディレクトリは tasks と templates、そして vars の 3 つです。今回は sudo の実行権限を制御するための sudoers テンプレートファイルを、管理者と運用者とで分けて用意していますが、どのファイルを読み込むのかはユーザーごとに変数で指定しています。このようにすることで、柔軟な権限設定を実現していている点に注目しましょう。

◎　users ロールのディレクトリ構造

```
./sec3/linux_configuration/roles/common/users
    ├──tasks
    │   ├──bashrc_customization.yml
    │   └──main.yml
    ├──templates
    │   ├──admin_sudoers.j2      # 管理者用の sudoers テンプレートファイル
    │   ├──operator_sudoers.j2   # 運用者用の sudoers テンプレートファイル
    │   └──user_sudoers.j2       # 一般ユーザー用の sudoers テンプレートファイル
    └──vars
        └──main.yml
```

users ロールでは、ユーザー作成後に「.bashrc」ファイルのカスタマイズを行うのですが、一連のタスクをひとまとめにして切り出したほうが分かりやすくなります。そこで、今回は main.yml だけではなく、「bashrc_customization.yml」の YAML ファイルを tasks ディレクトリに配置し、main.yml からインクルードして読み込みます。

■ users ロールの変数

users ロールの変数定義では、どのようなユーザーを作成したいのか、各種項目をマッピングで定義していきます（Code 3-63）。今回は分かりやすさを優先し、すべてのターゲットノードに対して同じ内容でユーザーを新規に作成します。もしも特定のターゲットノードグループごとに作成するユーザーを分けたい場合は、ロール変数ではなくグループ変数やホスト変数を活用するとよいでしょう。ここでは、管理者1名と運用者2名、さらに一般ユーザー3人を新規に追加していきます。

各ユーザーのパラメーターは、マッピングの変数名と値で表現しています。入れ子構造なので慣れないと複雑に感じてしまうかもしれませんが、マッピングの場合はどこが Key でどこが Value なのか、Value がリストになっている場合は要素がいくつあるのかなどを、分解しながら理解していくとよいでしょう。インデントの深さで階層を表現している点にも注意してください。

「new_users」変数では、Value の中に6名分のユーザー情報を格納しています。各ユーザー情報ではユーザー作成のために利用する項目が、マッピング形式でそれぞれ定義されています。

「initial_password」では、ユーザーが利用する初期パスワードを定義しています。以前のAnsible バージョンでは、パスワード文字列は事前にハッシュ化した値を生成しておく必要がありましたが、バージョン 1.9 以降では今回のように「password_hash()」フィルタを利用して、平文からハッシュ値を動的に生成して利用可能になりました。しかし、このままでは平文のパスワード自体が YAML ファイル上に記載されてしまい。セキュリティ面で不安が残ります。このような場合は、最低でも「ansible-vault」を用いて機密情報の暗号化を検討するべきでしょう。詳細は「5-5 暗号化」で紹介していますので、そちらを参照してください。

各ユーザーが所属するグループは、「groups」の Value としてリストを入れ子にしています。ユーザーごとで数に差があっても問題ないようにタスクを作成していますので、その点を後ほど確認していきましょう。

権限設定では、sudo コマンドにおいて管理者ユーザーは強い管理権限を持ち、運用者は限られた権限しか付与されないように個別の sudoers テンプレートファイルで制御します。どの sudoers テンプレートファイルを利用するかは「priv」変数で定義します。一般ユーザーにおいては、sudo コマンドの実行が許可されているユーザーと、許可されていないユーザーを「add_sudoers」変数で定義しています。利用が許可される場合は管理者や運用者と同様に、どの sudoers テンプレートファイルを利用するかを「priv」変数で定義します。

同様に、SSH の公開鍵認証で利用する公開鍵（Authorized Key）を配置するかどうかを「add_authorized_key」変数で定義しています。

Code 3-63　users ロールの変数定義: ./sec3/linux_configuration/roles/common/users/vars/main.yml

```
 1: ---
 2: new_users:
 3:   adm_member_01:
 4:     comment: "Administration member 01"
 5:     initial_password: "{{ 'P@s$w0rd' | password_hash('sha256') }}"
 6:     groups:
 7:       - administrators
 8:       - system_managers
 9:       - operators
10:     add_authorized_key: true
11:     add_sudoers: true
12:     priv: admin
13:
14:   ops_member_01:
15:     comment: "Operation member 01"
16:     initial_password: "{{ 'P@s$w0rd' | password_hash('sha256') }}"
17:     groups:
18:       - operators
19:     add_authorized_key: true
20:     add_sudoers: true
21:     priv: operator
22:
23:   ops_member_02:
24:     comment: "Operation member 02"
25:     initial_password: "{{ 'P@s$w0rd' | password_hash('sha256') }}"
26:     groups:
27:       - operators
28:     add_authorized_key: true
29:     add_sudoers: true
30:     priv: operator
31:
32:   alice:
33:     comment: "Normal user: alice"
34:     initial_password: "{{ 'P@s$w0rd' | password_hash('sha256') }}"
35:     groups:
36:       - users
37:       - web_designers
38:     add_authorized_key: false
39:     add_sudoers: false
40:
41:   bob:
42:     comment: "Normal user: bob"
43:     initial_password: "{{ 'P@s$w0rd' | password_hash('sha256') }}"
44:     groups:
```

```
45:      - users
46:      - app_developers
47:    add_authorized_key: false
48:    add_sudoers: true
49:    priv: user
50:
51:  carol:
52:    comment: "Normal user: carol"
53:    initial_password: "{{ 'P@s$w0rd' | password_hash('sha256') }}"
54:    groups:
55:      - users
56:      - db_admins
57:    add_authorized_key: false
58:    add_sudoers: false
```

■ users ロールのタスク詳細

　users ロールのタスクでは、まず最初に各ユーザーが所属するグループを用意します。ロール変数として定義した「new_users」変数に対して複数のフィルタをかけて最終的に必要となるグループを抽出し、「loop」ディレクティブで 1 つずつ作成していきます。グループ作成後、ユーザーを作成し、SSH 公開鍵認証ログインで利用する公開鍵の配置と、sudoers ファイルの配置を行います。

　公開鍵と sudoers ファイルの配置タスクでは、どちらも「when」ディレクティブを利用して、実行するか否かの条件分岐をしている点に注目してください。先ほどの「new_users」変数の中で定義していた「add_authorized_key」および「add_sudoers」が「true」の値（真偽値）を持っているときだけ、それぞれのタスクが実行されます。

　最後に.bashrc ファイルのカスタマイズを行いますが、このカスタマイズ処理がやや複雑なため、「bashrc_customization.yml」の別 YAML ファイルとして切り出しています。このようにすることで main.yml の可読性を高めています。

　これらのタスクはすべて「loop」ディレクティブにより、「new_users」変数の要素、つまり 6 名分のユーザー情報をもとに繰り返し処理を行います。しかし、loop ディレクティブで利用する変数はリスト形式である必要がありますが、「new_users」変数はマッピング形式のため、そのままでは利用ができません。そこで今回は「dict2items」のフィルタを用いてマッピング（ディクショナリ）からリスト（アイテム）に変換しています。

Code 3-64　users ロールのタスク: ./sec3/linux_configuration/roles/common/users/tasks/main.yml

```
 1: ---
 2: ## (1) 所属グループの作成
 3: - name: Ensure groups exist
 4:   ansible.builtin.group:
 5:     name: "{{ item }}"
 6:   loop: "{{ new_users | dict2items | map(attribute='value.groups') | flatten |⇒
 7:   unique }}"
 8:
 9: ## (2) 新規ユーザー作成
10: - name: Create new users
11:   ansible.builtin.user:
12:     name: "{{ item.key }}"
13:     password: "{{ item.value.initial_password }}"
14:     comment: "{{ item.value.comment }}"
15:     groups: "{{ item.value.groups }}"
16:     shell: /bin/bash
17:     home: "/home/{{ item.key }}"
18:     state: present
19:   loop: "{{ new_users | dict2items }}"
20:
21: ## (3) SSH 公開鍵の登録
22: - name: Distribute authorized key
23:   ansible.posix.authorized_key:
24:     user: "{{ item.key }}"
25:     key: "{{ lookup('file', '/home/ansible/.ssh/id_rsa.pub') }}"
26:     state: present
27:   when: item.value.add_authorized_key == true
28:   loop: "{{ new_users | dict2items }}"
29:
30: ## (4) sudo 実行権限の付与
31: - name: Deploy temporary sudoers files
32:   ansible.builtin.template:
33:     src: "{{ item.value.priv }}_sudoers.j2"
34:     dest: "/etc/sudoers.d/{{ item.key }}"
35:     owner: root
36:     group: root
37:     mode: 0400
38:     validate: 'visudo -c -f %s'
39:   when: item.value.add_sudoers == true
40:   loop: "{{ new_users | dict2items }}"
41:
42: ## (5) .bashrc のカスタマイズ
43: - name: Customize .bashrc file
44:   ansible.builtin.include_tasks:
```

```
45:     file: bashrc_customization.yml
46:     loop: "{{ new_users | dict2items }}"
```

(1) 所属グループの作成

　前述のとおり、マッピング形式の変数を loop ディレクティブで繰り返し処理をするには、「dict2items」フィルタを利用してリスト形式に変換します。Code 3-65 は dict2items フィルタによりリスト形式に変換された new_users 変数です。元々のマッピング形式での Key と Value が、リストの各要素の中でそれぞれ「key」と「value」の値として格納されている点に注目してください。ここでは、続く「map (attribute='value.groups')」フィルタで、各要素の「value.groups」の部分だけを抽出しています（Code 3-66）。さらに「flatten」フィルタで複数の要素に分かれているリストを単一階層化（Code 3-67）し、さらに「unique」フィルタで重複している要素を排除しています（Code 3-68）。

　多数のフィルタを組み合わせることで複雑性が増し、可読性の低下や属人化を招くため極力避けるべきです。今回のようにどうしても必要となるケースでは、他のチームメンバーにもどのような処理をしているのか理解して貰えるように、ドキュメントの整備などをしっかり行うことが肝心です。特にフィルタの受け渡しの途中ではどのようなデータ構造になっているか分かりづらいので、ansible.builtin.debug モジュールなどを利用して、都度、変数の中身を表示しながらプレイブックを構成していくとよいでしょう。

　このタスクでは、このようにできあがった単一階層のグループリストの要素を、loop ディレクティブの繰り返し処理で item として「ansible.builtin.group」モジュールに渡してグループ作成処理をしています。

Code 3-65　dict2items フィルタでリスト形式に変換された new_users 変数（抜粋）

```
 1: [
 2:     {
 3:         "key": "adm_member_01",
 4:         "value": {
 5:             "add_authorized_key": true,
 6:             "add_sudoers": true,
 7:             "comment": "Administration member 01",
 8:             "groups": [
 9:                 "administrators",
10:                 "system_managers",
11:                 "operators"
12:             ],
```

```
13:            "initial_password": "$5$rounds=535000$7.5X/Sb0u6jzfPb3$Ka719aVPj⇒
14: TUhYRr35UphGlM4k2ePlfA5bi5yjYzOWhA",
15:            "priv": "admin"
16:        }
17:    },
18:        ·
19:        ·
20:        ·
21:    (  中  略  )
22:        ·
23:        ·
24:        ·
25:    {
26:        "key": "carol",
27:        "value": {
28:            "add_authorized_key": false,
29:            "add_sudoers": false,
30:            "comment": "Normal user - carol",
31:            "groups": [
32:                "users",
33:                "db_admins"
34:            ],
35:            "initial_password": "$5$rounds=535000$9Nio4eePnBDZsgds$Vp9hgK35n⇒
36: k8zHWkCUVYISqYadKU0vS9YQAUA/YG1FO2"
37:        }
38:    }
39: ]
```

Code 3-66　map（attribute='value.groups'）フィルタで指定部分だけを抽出

```
1: [
2:     [
3:         "administrators",
4:         "system_managers",
5:         "operators"
6:     ],
7:     [
8:         "operators"
9:     ],
10:     [
11:         "operators"
12:     ],
13:     [
```

```
14:        "users",
15:        "web_designers"
16:    ],
17:    [
18:        "users",
19:        "app_developers"
20:    ],
21:    [
22:        "users",
23:        "db_admins"
24:    ]
25: ]
```

Code 3-67　flatten フィルタで単一階層化

```
 1: [
 2:     "administrators",
 3:     "system_managers",
 4:     "operators",
 5:     "operators",
 6:     "operators",
 7:     "users",
 8:     "web_designers",
 9:     "users",
10:     "app_developers",
11:     "users",
12:     "db_admins"
13: ]
```

Code 3-68　unique フィルタで重複排除

```
 1: [
 2:     "administrators",
 3:     "system_managers",
 4:     "operators",
 5:     "users",
 6:     "web_designers",
 7:     "app_developers",
 8:     "db_admins"
 9: ]
```

（2）新規ユーザー作成

　グループ作成タスクと同様に、リスト化された new_users 変数の各要素をもとに今度はユーザーを作成します。前述した Code 3-65 を参照しながら、「item.key」や「item.value.groups」などがどのようなデータ構造なのか一つ一つ確認してみましょう。ここでは「item.value.groups」だけがリストで、その他はすべてマッピングです。マッピングでは、入れ子構造の階層を「.（ドット）」で連結して表現しています。

（3）SSH 公開鍵の登録

　ユーザーが作成されたので、公開鍵認証で SSH ログインできるように公開鍵を配置します。ここでは、先ほど追加した「ansible.posix」コレクションに含まれる「ansible.posix.authorized_key」モジュールを利用して、公開鍵を配置します。「user」アーギュメントでは配置先のユーザー名を、「key」アーギュメントでは公開鍵データ（公開鍵ファイルの内容）をそれぞれ指定します。しかし、ここで実際に公開鍵データを直接指定するのは汎用性や可読性の面から考えても難しいので、今回は「lookup[8]」プラグインを利用して、コントロールノード上のファイルから公開鍵データを読み出します。

　lookup の「file」プラグインを利用すると、指定した PATH にあるファイルから内容を読み取って利用できます。今回は「/home/ansible/.ssh/id_rsa.pub」ファイルから公開鍵データを読み出して「key」アーギュメントに引き渡しています。

　本来であれば、セキュリティを考慮してユーザーごとに個別の公開鍵を準備しておくべきですが、今回は分かりやすさを優先してすべて同じ公開鍵データで配置します。個別に分ける場合は、「item.key（今回はユーザー名が値として格納されている）」と同じ名前の公開鍵ファイルを用意しておき、lookup プラグインの中で変数名「item.key」を埋め込んでファイルの PATH を指定するとよいでしょう。

　また、このタスクは「when」ディレクティブを用いて、「item.value.add_authorized_key」変数の値によって実行可否の条件判断をしています。この変数に「true」の真偽値が定義されている場合のみタスクが実行されます。

（4）sudo 実行権限の付与

　sudo コマンドが実行できるかどうかを制御するファイルが sudoers ファイルです。Linux では、固有のユーザーやグループに対して、/etc/sudoers.d ディレクトリ配下に、対象となるユーザー

＊8　Lookup plugins
　　https://docs.ansible.com/ansible/latest/plugins/lookup.html

やグループの名前でファイルを配置することで、sudo コマンドの実行権限を管理できます。

　今回は権限の強さの違いに応じて「admin_sudoers.j2」、「operator_sudoers.j2」、「user_sudoers.j2」の 3 種類の Jinja2 テンプレートファイルを用意しています（Code 3-69〜Code 3-71）。作成した各ユーザーは「new_users」変数の中の「priv」でどのテンプレートファイルを使うか定義しています。ここでは、この変数を参照しながら「ansible.builtin.template」モジュールの「src」アーギュメントで利用するテンプレートファイルを指定しています。さらに/etc/sudoers.d ディレクトリへ sudoers ファイルを配置する際は、「dest」アーギュメントで「item.key」を参照することでユーザー名をファイル名としています。

　sudoers ファイルの書式についての解説は割愛しますが、Cmnd_Alias の制約としてエイリアス名を大文字としなければいけないので、「upper」フィルタを活用している点に注目してください。また、個別の sudoers ファイルで定義していても設定は全体で共有されます。もしも、「operator_sudoers.j2」を利用するユーザーを 2 名以上作成すると、Cmnd_Alias の定義において同じ名前のエイリアスが複数回定義され、sudo 実行時に警告が表示されてしまいます。今回は、エイリアス名にユーザー名（key.item）を埋め込むことで重複定義を回避しています。

　ここで注目したいのが、ansible.builtin.template モジュールで使われているその他のアーギュメントです。sudoers ファイルは Linux システムのセキュリティに関わる重要なファイルのため、「owner（所有者）」、「group（グループ）」、「mode（ファイルパーミッション）」の各アーギュメントで厳格な権限設定をしています。また、sudoers ファイルは構文エラーのまま保存してしまうと、すべてのユーザーが sudo 実行できなくなるなどの影響が及んでしまいます。そこで、「validate」アーギュメントを用いて構文チェックを行い、エラーを回避しています。

　ここの構文チェックでは「visudo」コマンドの機能を用いて確認をしているのですが、「%s」の部分に dest で指定したファイルが埋め込まれることを覚えておきましょう。sudoers ファイルに限らず、プロセスの設定ファイルを更新した場合は、このような構文チェックを入れておくと、より信頼性の高いタスクとなるでしょう。

　このタスクも先ほどと同様に「when」ディレクティブを用いて、「item.value.add_sudoers」変数の値によって実行可否の条件判断をしています。この変数に「true」の真偽値が定義されている場合のみタスクが実行されます。

Code 3-69　admin 用の sudoers テンプレート:
　　　　　./sec3/linux_configuration/roles/common/users/templates/admin_sudoers.j2

```
1: {{ item.key }} ALL=(ALL) ALL
2: Defaults:{{ item.key }} !requiretty
3: Defaults:{{ item.key }} env_keep += SSH_AUTH_SOCK
```

Code 3-70　operator 用の sudoers テンプレート:
　　　　　./sec3/linux_configuration/roles/common/users/templates/operator_sudoers.j2

```
1: Cmnd_Alias {{ item.key | upper }}_PROCESS_CMDS = /bin/nice, /bin/kill, /bin/⇒
2: pkill, /bin/killall, /usr/bin/nice, /usr/bin/kill, /usr/bin/pkill, /usr/bin/⇒
3: killall
4: Cmnd_Alias {{ item.key | upper }}_SHUTDOWN_CMDS = /usr/sbin/reboot, /usr/sbi⇒
5: n/shutdown
6: {{ item.key }} ALL=(ALL) ALL,!{{ item.key | upper }}_PROCESS_CMDS,!{{ item.k⇒
7: ey | upper }}_SHUTDOWN_CMDS
```

Code 3-71　user 用の sudoers テンプレート:
　　　　　./sec3/linux_configuration/roles/common/users/templates/user_sudoers.j2

```
1: {{ item.key }} ALL=(ALL) /usr/sbin/swapon, /usr/sbin/swapoff, /usr/bin/chmod
```

(5) .bashrc のカスタマイズ

　各ユーザーが Bash シェルを利用する際に実行制御ファイルとして利用される「.bashrc」ファイルをカスタマイズします。ここでのカスタマイズは、複数のタスクを一連の処理として定義したいので、本来であれば「block」ディレクティブを使って処理をまとめたいところです。しかし、現在の Ansible ではブロック化された複数のタスクを、loop で繰り返し処理することができません。そのような場合は、今回のように複数のタスクを別の YAML ファイルに切り出しておき、外部タスクファイルの呼び出し（ansible.builtin.include_tasks モジュール）を loop ディレクティブで繰り返し処理させます。

　ここでは、別の YAML として「bashrc_customization.yml」ファイルを main.yml と同じディレクトリに配置しています。

Code 3-72　切り出した.bashrc カスタマイズのタスク:
./sec3/linux_configuration/roles/common/users/tasks/bashrc_customization.yml

```
 1: ---
 2: ##(5)-a 非対話形式セッション時の対応
 3: - name:  Customize for non-interactive SSH session
 4:   ansible.builtin.lineinfile:
 5:     path: "/home/{{ item.key }}/.bashrc"
 6:     insertbefore: "BOF"
 7:     line: if [ -z "$PS1" ] ; then return ; fi
 8:     state: present
 9:
10: ##(5)-b neofetch インストール有無の確認
11: - name: Check for the existence of neofetch
12:   ansible.builtin.stat:
13:     path: /usr/bin/neofetch
14:   register: neofetch_stats
15:
16: ##(5)-c fastfetch インストール有無の確認
17: - name: Check for the existence of fastfetch
18:   ansible.builtin.stat:
19:     path: /usr/bin/fastfetch
20:   register: fastfetch_stats
21:
22: ##(5)-d ログインメッセージ表示カスタマイズ（neofetch）
23: - name: Customize for Login message with neofetch
24:   ansible.builtin.blockinfile:
25:     path: "/home/{{ item.key }}/.bashrc"
26:     block: |
27:       neofetch
28:       figlet "Hi, ${USER}! Welcome to ${HOSTNAME}!" | cowsay -n
29:     state: present
30:   when: neofetch_stats.stat.exists == true
31:
32: ##(5)-e ログインメッセージ表示カスタマイズ（fastfetch）
33: - name: Customize for Login message with Fastfetch
34:   ansible.builtin.blockinfile:
35:     path: "/home/{{ item.key }}/.bashrc"
36:     block: |
37:       fastfetch
38:       figlet "Hi, ${USER}! Welcome to ${HOSTNAME}!" | cowsay -n
39:     state: present
40:   when: fastfetch_stats.stat.exists == true
41:
42: ## (5)-f ログインメッセージ表示カスタマイズ（figletとcowsayのみ）
43: - name: Customize for Login message without Neofetch and Fastfetch
```

```
44:   ansible.builtin.blockinfile:
45:     path: "/home/{{ item.key }}/.bashrc"
46:     block: |
47:       figlet "Hi, ${USER}! Welcome to ${HOSTNAME}!" | cowsay -n
48:     state: present
49:   when: neofetch_stats.stat.exists == false and fastfetch_stats.stat.exists ⇒
50: == false
```

(5)-a 非対話形式セッション時の対応

　今回のカスタマイズでは、ユーザーが端末へログインした際にメッセージを自動的に表示させ
ています。具体的には、ログイン時に実行制御ファイルとして読み込まれる「.bashrc」ファイル
の中に、実行させたいコマンドを埋め込んでいます。しかし、ここで一つ問題があります。カス
タマイズしている「.bashrc」ファイルは、SSH ログインなど通常の対話形式のセッションだけ
ではなく、scp コマンドでの接続時などの非対話形式セッションにおいても読み込まれてしまい
ます。そのため、何も対策を取っていないと scp コマンドなどでの接続がエラーとなり利用でき
なくなります。

　これを回避するために.bashrc ファイルの冒頭（BOF）に「if [-z "$PS1"] ; then return
; fi」の IF 文を埋め込みます。この IF 文は「-z」オプションの働きにより「PS1 変数の長さが 0
なら真（true）」という条件判断式となります。対話形式のセッションでは、PS1 変数にはプロ
ンプトの文字列が埋め込まれるので、結果は偽（false）となります。逆に、非対話形式セッショ
ンでは PS1 変数は空となります。するとこの IF 文の「return」が実行されるため、.bashrc の以
降の内容は実行されなくなります。結果として今回行うログインメッセージを表示する部分も実
行されなくなるのでエラーを回避できます。

　今回は「ansible.builtin.lineinfile」モジュールを用いて、このカスタマイズを実現してい
ます。ansible.builtin.lineinfile モジュールでは、指定したテキストファイルに対して、今
回のように新しい行を挿入したり、既存の行を削除したり、別の内容に置き換えたりできます。
Ansible で既存の設定ファイルを編集するケースでは非常によく使われるモジュールです。

(5)-b、(5)-c neofetch / fastfetch インストール有無の確認

　packages ロールでは、パッケージ管理システムごとにインストールするパッケージに若干の差
異がありました。たとえば、APT 系のディストリビューションでは「neofetch」を導入しました
が、DNF 系と YUM 系のディストリビューションでは「fastfetch」という別の名前のパッケー
ジを導入していました。実はこの 2 つのパッケージから導入されるコマンドは、名前こそ違いま

すが働きは非常によく似ており、今回はログインメッセージの表示のカスタマイズの中でそれぞれ利用しています。

　ここでは、まずどちらのパッケージが導入されているか確認する必要があります。確認方法はいくつか考えられますが、今回は利用しようとしているコマンドファイルがターゲットノード上に存在しているかどうかを確認してみましょう。

　ファイルの存在を確認するのに最適なのが「ansible.builtin.stat」モジュールです。このモジュールでは、指定した PATH にあるファイルの情報を取得できるのですが、それをレジスタ変数に格納することで後続のタスクの条件分岐などで利用可能となります。ここではまず「/usr/bin/neofetch」ファイルに対して ansible.builtin.stat モジュールから情報を取得しにいき、結果をレジスタ変数「neofetch_stats」に格納しています。また、ansible.builtin.stat モジュールでは、仮に指定したファイルが存在していなくともタスクはエラーとはなりません。同様に次のタスクでは「/usr/bin/fastfetch」ファイルに対して ansible.builtin.stat モジュールから情報を取得しにいき、結果をレジスタ変数「fastfetch_stats」に格納しています。これらのレジスタ変数を、後続のタスクでは「when」ディレクティブでの条件分岐に利用しています。

　ansible.builtin.stat モジュールにより、レジスタ変数にどのような情報が格納されるかは Code 3-73 および Code 3-74 を参照してください。後続のタスクでは、これらの情報のうちファイルの存在の有無を表す「stat.exists」を参照しています。

Code 3-73　ansible.builtin.stat モジュールで取得したファイル情報の例

```
 1: "fastfetch_stats": {
 2:     "changed": false,
 3:     "failed": false,
 4:     "stat": {
 5:         "atime": 1683038801.5705752,
 6:         "attr_flags": "",
 7:         "attributes": [],
 8:         "block_size": 4096,
 9:         "blocks": 800,
10:         "charset": "binary",
11:         "checksum": "9953887049db2e1e0536525f0b5f38bab7cc0015",
12:         "ctime": 1683038395.19098,
13:         "dev": 64768,
14:         "device_type": 0,
15:         "executable": true,
16:         "exists": true,
17:         "gid": 0,
18:         "gr_name": "root",
```

```
19:         "inode": 67922815,
20:         "isblk": false,
21:         "ischr": false,
22:         "isdir": false,
23:         "isfifo": false,
24:         "isgid": false,
25:         "islnk": false,
26:         "isreg": true,
27:         "issock": false,
28:         "isuid": false,
29:         "mimetype": "application/x-pie-executable",
30:         "mode": "0755",
31:         "mtime": 1679755007.0,
32:         "nlink": 1,
33:         "path": "/usr/bin/fastfetch",
34:         "pw_name": "root",
35:         "readable": true,
36:         "rgrp": true,
37:         "roth": true,
38:         "rusr": true,
39:         "size": 406264,
40:         "uid": 0,
41:         "version": "4127455938",
42:         "wgrp": false,
43:         "woth": false,
44:         "writeable": false,
45:         "wusr": true,
46:         "xgrp": true,
47:         "xoth": true,
48:         "xusr": true
49:     }
50: }
```

Code 3-74　ansible.builtin.stat モジュールで取得先ファイルが存在しない場合の例

```
1: "neofetch_stats": {
2:     "changed": false,
3:     "failed": false,
4:     "stat": {
5:         "exists": false
6:     }
7: }
```

(5)-d、(5)-e、(5)-f ログインメッセージ表示カスタマイズ

　ここでは「ansible.builtin.blockinfile」モジュールを用いて、.bashrc ファイルの末尾（EOF）にログインメッセージを表示させるためのカスタマイズ内容を追記します。タスクを実行するかどうかを「when」ディレクティブで条件判断させている点にご注目ください。ansible.builtin.stat モジュールで取得した情報のうち、ファイルの存在を示す「stat.exists」を参照しています。

　先ほど紹介した ansible.builtin.lineinfile モジュールでは行単位での編集ができましたが、ansible.builtin.blockinfile モジュールでは名前のとおり、ブロック単位（複数行）での編集が可能です。実際のタスク内容としては、単一行の代わりにブロック（複数行）となっただけで、処理自体は ansible.builtin.lineinfile モジュールとよく似ています。ここでは packages ロールで導入したコマンドを用いて、やや賑やかなログインメッセージを表示しています。どのようなメッセージが出るかは、後ほどプレイブックの実行確認において紹介します。

Column　　Ansible による設定ファイルの編集

　Linux の構成管理を Ansible で行う際、システムやアプリケーションの設定ファイルを編集したくなるケースが多々あります。

　本章でも紹介している ansible.builtin.template モジュールや、ansible.builtin.lineinfile モジュールなどを利用すれば、ターゲットノードに指定したファイルを配置したり、ファイルの内容を編集できます。また、究極的には ansible.builtin.shell モジュールや ansible.builtin.command モジュールを利用すれば、sed や awk などの Linux のコマンドを駆使してファイル編集をすることもできてしまいます。

　しかし、何でもできるからといって、安易にこれらのモジュールを多用するのは避けたほうがよいでしょう。本章中でも解説しているとおり、ansible.builtin.shell モジュールや ansible.builtin.command モジュールには冪等性が担保されませんし、その他のファイルを配置したり編集したりするモジュールは、便利な半面、細かい編集内容をすべて記述するのは非常に手間が掛かり、汎用性も失われてしまいます。せっかくの自動化の仕組みなのに、Ansible の良さであるシンプルさを失ってしまっては本末転倒です。

　汎用的でシンプルなプレイブックを構築するには、まずは実施したい処理に最適なモジュールがないかどうかをきちんと調べることがとても重要です。一般的な Linux 構成管理作業であれば、専用のモジュールが用意されているケースが少なくありません。そのような専用のモジュールを用いることで、設定ファイルを直接配置したり編集したりするよりも、汎用性や安定性の向上が見込めます。また何よりも、誰でも読みやすいシンプルなプレイブックの作成が可能となり、属人性の排除にも貢献します。

　これらのモジュールは日々改良が加えられ、時には新しい便利なモジュールが追加されることもありますので、最新の情報などをドキュメントで都度確認するとよいでしょう。

　　ただし、本章で紹介している一部の処理のように、どうしても専用のモジュールが用意されていない処理も存在してしまいます。そのような状況になってからはじめて、ansible.builtin.template モジュールや、ansible.builtin.lineinfile モジュールでの設定ファイルの配置や編集を検討するとよいでしょう。

　　もちろん、ansible.builtin.shell モジュールや ansible.builtin.command モジュールも絶対に利用してはいけないということではありません。汎用性が確保されているかや、冪等性が別の仕組みで担保できるかを確認しつつ、プレイブック作成のコストも考慮しながら、効率良く利用していくことが重要です。

3-4-7　プレイブックの実行

　　インベントリファイル、プレイブック、および各種ロールの準備ができましたので、いよいよプレイブックを実行して Linux の構成管理をしてみましょう。今回利用する「linux_configuration.yml」のプレイブックでは管理者権限での実行が指定されている（become: true）ため、「-K オプション」を指定して ansible-playboook コマンドを実行します。sudo コマンド実行パスワード（Become パスワード）の入力を促されますので、ターゲットノードにおける sudo パスワードを入力してください。

◎　Linux 構成管理の実行

```
$ cd PATH_TO/effective_ansible/sec3/linux_configuration/
$ ansible-playbook -K -i ./inventory.ini ./linux_configuration.yml
```

　　この時、users ロールでのユーザー作成タスクにおいて、以下のような Python crypt モジュール非推奨の警告が表示される場合があります。

◎　Python crypt モジュール非推奨の警告メッセージ

```
[DEPRECATION WARNING]: Encryption using the Python crypt module is deprecated. The Py
thon crypt module is deprecated and will be removed from Python 3.13. Install the pas
slib library for continued encryption functionality. This feature will be removed in
version 2.17. Deprecation warnings can be disabled by setting deprecation_warnings=Fa
lse in
ansible.cfg.
```

　　警告文章のとおり、「passlib」ライブラリをインストールすれば警告表示されなくなります。

この時、Ansible を利用している venv 環境下にインストールするように注意してください。

◎ passlib ライブラリのインストール

```
(venv) $ pip install --upgrade pip
(venv) $ pip install passlib
Collecting passlib
  Downloading passlib-1.7.4-py2.py3-none-any.whl (525 kB)
     ━━━━━━━━━━━━━━━━━━━━━━━━━━━━━━━━━━━━━━━━
525.6/525.6 kB 9.2 MB/s eta 0:00:00
Installing collected packages: passlib
Successfully installed passlib-1.7.4
```

3-4-8　実行結果の確認

プレイブックの実行が完了したら、指定したとおりの設定が本当になされているか、確認をしてみましょう。プレイブックで処理した順に確認しますので、まずはホスト名を表示します。

◎ ホスト名の確認

```
$ cd PATH_TO/effective_ansible/sec3/linux_configuration/
$ ansible -i inventory.ini linux_servers -m ansible.builtin.shell -a "hostname"
charlie | CHANGED | rc=0 >>
charlie
alfa | CHANGED | rc=0 >>
alfa
bravo | CHANGED | rc=0 >>
bravo
```

各ターゲットノードのホスト名が、インベントリファイルで定義したホスト名となっていることが確認できたら、次にタイムゾーンとロケールの設定を確認してみましょう。

◎ タイムゾーンとロケールの確認

```
$ cd PATH_TO/effective_ansible/sec3/linux_configuration/
$ ansible -i inventory.ini linux_servers -m ansible.builtin.shell \
  -a "date; localectl status"
charlie | CHANGED | rc=0 >>
2023 年 5 月 4 日 木曜日 00:24:39 JST
   System Locale: LANG=ja_JP.UTF-8
       VC Keymap: jp
      X11 Layout: us
```

```
        X11 Model: pc105+inet
      X11 Options: terminate:ctrl_alt_bksp
bravo | CHANGED | rc=0 >>
2023年5月4日木曜日00:24:39 JST
    System Locale: LANG=ja_JP.UTF-8
        VC Keymap: jp
       X11 Layout: us
        X11 Model: pc105+inet
      X11 Options: terminate:ctrl_alt_bksp
alfa | CHANGED | rc=0 >>
2023年5月4日木曜日00:24:39 JST
    System Locale: LANG=ja_JP.UTF-8
        VC Keymap: jp
       X11 Layout: us
        X11 Model: pc105+inet
      X11 Options: terminate:ctrl_alt_bksp
```

　ロケール管理の次は順番でいうとパッケージ管理の確認ですが、グループインストールした開発者キットを確認するのは大変なので、その他のパッケージで確認していきます。neofetch/fastfetch、figlet、cowsay の各コマンドは.bashrc カスタマイズの中で利用しているので、これらのパッケージインストールの確認は、ユーザー管理の確認の中で併せて確認すれば十分でしょう。ここでは vim コマンドが配置されているかだけを確認します。

◎　vim コマンド配置の確認

```
$ cd PATH_TO/effective_ansible/sec3/linux_configuration/
$ ansible -i inventory.ini linux_servers -m ansible.builtin.shell \
 -a "ls -l /usr/bin/vim"
bravo | CHANGED | rc=0 >>
-rwxr-xr-x. 1 root root 3981616  3月1 02:09 /usr/bin/vim
alfa | CHANGED | rc=0 >>
-rwxr-xr-x. 1 root root 3981616  3月1 02:09 /usr/bin/vim
charlie | CHANGED | rc=0 >>
-rwxr-xr-x. 1 root root 3981616  3月1 02:09 /usr/bin/vim
```

　無事に各ターゲットノードに vim が導入されていることが確認できたら、最後にユーザー管理の確認をしていきましょう。まずは、グループが作成されているか確認します。

◎　グループ作成の確認

```
$ cd PATH_TO/effective_ansible/sec3/linux_configuration/
$ ansible -i inventory.ini linux_servers -m ansible.builtin.shell \
 -a "cat /etc/group | tail -n 12"
```

```
alfa | CHANGED | rc=0 >>
administrators:x:1001:adm_member_01
system_managers:x:1002:adm_member_01
operators:x:1003:adm_member_01,ops_member_01,ops_member_02
web_designers:x:1004:alice
app_developers:x:1005:bob
db_admins:x:1006:carol
adm_member_01:x:1007:
ops_member_01:x:1008:
ops_member_02:x:1009:
alice:x:1010:
bob:x:1011:
carol:x:1012:
charlie | CHANGED | rc=0 >>
administrators:x:1001:adm_member_01
system_managers:x:1002:adm_member_01
operators:x:1003:adm_member_01,ops_member_01,ops_member_02
web_designers:x:1004:alice
app_developers:x:1005:bob
db_admins:x:1006:carol
adm_member_01:x:1007:
ops_member_01:x:1008:
ops_member_02:x:1009:
alice:x:1010:
bob:x:1011:
carol:x:1012:
bravo | CHANGED | rc=0 >>
administrators:x:1001:adm_member_01
system_managers:x:1002:adm_member_01
operators:x:1003:adm_member_01,ops_member_01,ops_member_02
web_designers:x:1004:alice
app_developers:x:1005:bob
db_admins:x:1006:carol
adm_member_01:x:1007:
ops_member_01:x:1008:
ops_member_02:x:1009:
alice:x:1010:
bob:x:1011:
carol:x:1012:
```

続いて、ユーザーが作成されているか確認します。

◎ ユーザー作成の確認

```
$ cd PATH_TO/effective_ansible/sec3/linux_configuration/
$ ansible -i inventory.ini linux_servers -m ansible.builtin.shell \
-a "cat /etc/passwd | tail -n 6"
```

```
charlie | CHANGED | rc=0 >>
adm_member_01:x:1001:1007:Administration member 01:/home/adm_member_01:/bin/bash
ops_member_01:x:1002:1008:Operation member 01:/home/ops_member_01:/bin/bash
ops_member_02:x:1003:1009:Operation member 02:/home/ops_member_02:/bin/bash
alice:x:1004:1010:Normal user - alice:/home/alice:/bin/bash
bob:x:1005:1011:Normal user - bob:/home/bob:/bin/bash
carol:x:1006:1012:Normal user - carol:/home/carol:/bin/bash
alfa | CHANGED | rc=0 >>
adm_member_01:x:1001:1007:Administration member 01:/home/adm_member_01:/bin/bash
ops_member_01:x:1002:1008:Operation member 01:/home/ops_member_01:/bin/bash
ops_member_02:x:1003:1009:Operation member 02:/home/ops_member_02:/bin/bash
alice:x:1004:1010:Normal user - alice:/home/alice:/bin/bash
bob:x:1005:1011:Normal user - bob:/home/bob:/bin/bash
carol:x:1006:1012:Normal user - carol:/home/carol:/bin/bash
bravo | CHANGED | rc=0 >>
adm_member_01:x:1001:1007:Administration member 01:/home/adm_member_01:/bin/bash
ops_member_01:x:1002:1008:Operation member 01:/home/ops_member_01:/bin/bash
ops_member_02:x:1003:1009:Operation member 02:/home/ops_member_02:/bin/bash
alice:x:1004:1010:Normal user - alice:/home/alice:/bin/bash
bob:x:1005:1011:Normal user - bob:/home/bob:/bin/bash
carol:x:1006:1012:Normal user - carol:/home/carol:/bin/bash
```

　ユーザー作成が確認できましたので、実際にターゲットノードへ作成したユーザーでログイン
してみましょう。すべてのパターンを網羅するのがテストとしては最良ですが、どうしても手間
と時間が掛かってしまうのでここでは2パターンだけ実行します。

　まずは、SSH 公開鍵認証方式でログイン可能な「adm_member_01」ユーザーを使って、パスワー
ドなしで SSH ログインします。この時、.bashrc ファイルが読み込まれるので、ログインメッ
セージとして neofetch/fastfetch、figlet、cowsay の各コマンドが実行されればカスタマイズ
が成功しています（Figure 3-8）。

◎　adm_member_01 ユーザーでの SSH 公開鍵認証ログイン

```
$ ssh -i /home/ansible/.ssh/id_rsa adm_member_01@10.1.3.11
```

Figure 3-8　ログインメッセージの表示例

　Column　cowsay コマンドと Ansible

　本章で登場した「cowsay」ですが、このコマンド自体はよくある（？）Linux ジョークコマンドの一つで、単純に牛が指定した言葉を話しているようなアスキーアートを表示してくれます。

　しかし、Ansible のコントロールノードに対して cowsay をインストールすると、ちょっと面白い（または邪魔くさい）ことが起こります。何が起こるかは是非皆さんの環境で試して頂きたいのですが、実際に筆者の環境でインストールし、ansible-playbook コマンドを実行した結果を以下に示します。

◎　cowsay をインストールした環境での Ansible 実行（抜粋）

```
$ ansible-playbook -i inventory.ini linux_configuration.yml -K
BECOME password:
```

```
--------------------------------------------------
< PLAY [Initialize OS setting for Linux Servers] >
--------------------------------------------------
        \   ^__^
         \  (oo)_____
            (__)\       )\/\
                ||----w |
                ||     ||


-----------------------
< TASK [Gathering Facts] >
-----------------------
        \   ^__^
         \  (oo)_____
            (__)\       )\/\
                ||----w |
                ||     ||
```

```
ok: [alfa]
ok: [bravo]
ok: [charlie]
```

　ご覧頂いたように、なんとコントロールノードに cowsay をインストールすると、デフォルトで「実行結果を牛が喋る」ようになります。この機能自体はかなり早い段階で Ansible には実装されていたのですが、当然これを邪魔だと考える方も一定数いますので[*9]、表示をさせないオプションも用意されています。

　ansible.cfg ファイルの「defaults」セクションに「nocows=1」を指定すると cowsay での実行結果表示を無効化できます。

◎　nocows=1 を指定して Ansible 実行（抜粋）

```
$ cat $HOME/.ansible.cfg
[defaults]

forks = 15
log_path = $HOME/.ansible/ansible.log
host_key_checking = False
gathering = smart

nocows = 1

$ ansible-playbook -i inventory.ini linux_configuration.yml -K
BECOME password:

PLAY [Initialize OS setting for Linux Servers] *********************************
```

```
TASK [Gathering Facts] *************************************************
ok: [bravo]
ok: [alfa]
ok: [charlie]
```

　このように、Ansible は妙に牛をフィーチャーすることがあります。他にもノベルティグッズで牛をモチーフにしたものが作成されたり、Upstream Project におけるロゴデザイン[*10]のモチーフとして牛が使われたりしています。その他、Ansible 開発者コミュニティの Newsletter の名前が「Bullhorn（雄牛の角の意）」[*11]だったり、ansible.com のエラーページの出力が cowsay と同じスタイルで表示されたりします。

　なぜ牛をここまで推すのかは諸説あるものの、プロジェクトとして公式に情報が出されているわけではないので、「名前が似ているからかな？」とか「作者が好きだったのかな？」と想像して楽しむのがよいかもしれません。

　同様に、パスワード認証方式で「bob」ユーザーを使って SSH ログインし、.bashrc カスタマイズによってログインメッセージ表示を確認します。パスワードは変数で指定した「P@s$w0rd」を入力してください。また、bob ユーザーは sudoers ファイルを配置していますので、管理者権限で「/usr/sbin/swapon」と「/usr/sbin/swapoff」のコマンドを実行できますので、併せて確認します。管理者権限が必要なコマンドに sudo コマンドを付けて実行ができている点に注目しましょう。alice ユーザーや carol ユーザーでは許可設定がないため、同様のコマンド実行ができません。こちらも併せて確認しておきましょう。

Column　SSH サーバーのログイン認証設定

　今回のプレイブックでは、一般ユーザーは SSH ログインの認証方法を、公開鍵認証方式ではなくパスワード認証方式にしています。しかし、環境によってはセキュリティ要件によって SSH サーバー設定のパスワード認証方式を無効にしているケースがあります。

　そのような場合は、「adm_member_01」や「ops_member_01」ユーザーと同様に公開鍵を登

＊9　Cowsay should not be enabled by default
　　 https://github.com/ansible/ansible/issues/10530
＊10　Ansible Logos
　　 https://github.com/ansible/logos
＊11　Ansible community: News Working Group
　　 https://github.com/ansible/community/wiki/News

録するように users ロールの変数定義ファイルを編集するか、SSH サーバーの設定を変更してください。もし SSH サーバーの設定を変更するのであれば、組織のセキュリティルール上、問題がないかどうかにも十分に留意してください。また、Ansible が利用できる環境であれば、ansible コマンドを Adhoc に使用して簡単に SSH サーバー設定を変更することもできます。

◎　SSH サーバーの設定変更例

```
$ cd PATH_TO/effective_ansible/sec3/linux_configuration/
$ ansible -b -K -i inventory.ini linux_servers -m ansible.builtin.lineinfile \
-a "path='/etc/ssh/sshd_config'  regexp='^PasswordAuthentication no' \
line='PasswordAuthentication yes' state=present"
$ ansible -b -K -i inventory.ini linux_servers -m ansible.builtin.service \
-a "name=sshd state=reloaded"
```

◎　bob ユーザーのログインおよび権限設定の確認

```
$ ssh bob@10.1.3.13

        （　中　略　）

[bob@charlie ~]$ dd if=/dev/zero of=./swapfile bs=1M count=1024
1024+0レコード入力
1024+0レコード出力
1073741824 bytes (1.1 GB, 1.0 GiB) copied, 0.255608 s, 4.2 GB/s


[bob@charlie ~]$ chmod 600 ./swapfile
[bob@charlie ~]$ mkswap ./swapfile
スワップ空間バージョン1を設定します。サイズ= 1024 MiB（1073737728バイト）
ラベルはありません, UUID=42c1c02c-b30b-427e-8710-6b8a44e4204c


[bob@charlie ~]$ swapon ./swapfile
swapon: /home/bob/swapfile:ファイルの所有者1005が安全な値ではありません。0 (root)
をお勧めします。
swapon: /home/bob/swapfile: swaponが失敗しました:許可されていない操作です


[bob@charlie ~]$ chown root ./swapfile
chown: './swapfile'の所有者を変更中:許可されていない操作です


[bob@charlie ~]$ sudo chown root ./swapfile

あなたはシステム管理者から通常の講習を受けたはずです。
これは通常、以下の3点に要約されます:
```

```
    #1)他人のプライバシーを尊重すること。
    #2)タイプする前に考えること。
    #3)大いなる力には大いなる責任が伴うこと。

[sudo] bobのパスワード:

[bob@charlie ~]$ sudo swapon ./swapfile
[bob@charlie ~]$ swapon
NAME                TYPE      SIZE USED PRIO
/dev/dm-1           partition 3.9G 1.3M  -2
/home/bob/swapfile file      1024M  0B   -3

[bob@charlie ~]$ swapoff ./swapfile
swapoff:スーパーユーザーではありません

[bob@charlie ~]$ sudo swapoff ./swapfile
[bob@charlie ~]$ swapon
NAME      TYPE      SIZE USED PRIO
/dev/dm-1 partition 3.9G   1M  -2
```

◎　alice ユーザーのログインおよび権限設定の確認

```
$ ssh alice@10.1.3.12

        （　中　略　）

[alice@bravo ~]$ dd if=/dev/zero of=./swapfile bs=1M count=1024
1024+0レコード入力
1024+0レコード出力
1073741824 bytes (1.1 GB, 1.0 GiB) copied, 0.523525 s, 2.1 GB/s

[alice@bravo ~]$ chmod 600 ./swapfile
[alice@bravo ~]$ mkswap ./swapfile
スワップ空間バージョン1を設定します。サイズ= 1024 MiB（1073737728バイト）
ラベルはありません, UUID=12665ad9-4fbf-4765-8f53-d2625daf0bfc

[alice@bravo ~]$ swapon ./swapfile
swapon: /home/alice/swapfile:ファイルの所有者1004が安全な値ではありません。0 (roo
t)をお勧めします。
swapon: /home/alice/swapfile: swaponが失敗しました:許可されていない操作です

[alice@bravo ~]$ chown root ./swapfile
chown: './swapfile'の所有者を変更中:許可されていない操作です

[alice@bravo ~]$ sudo chown root ./swapfile
```

あなたはシステム管理者から通常の講習を受けたはずです。
これは通常、以下の3点に要約されます：

#1) 他人のプライバシーを尊重すること。
#2) タイプする前に考えること。
#3) 大いなる力には大いなる責任が伴うこと。

[sudo] aliceのパスワード：
aliceはsudoersファイル内にありません。この事象は記録・報告されます。

 Column　ロールのファイル名とテスト

　ロールディレクトリでは、フォルダやファイルの配置場所や名前により、どのように利用されるかが決まってきます。正しく名前が使われている場合は想定通りの動きをしてくれますが、たとえば Code 3-75 のような間違ったファイル名だった場合を考えてみましょう。

Code 3-75　ロールディレクトリの例（ファイル名間違い）

```
./sec3/linux_configuration/roles
    └── common
        └── hostname
            └── tasks
                └── maim.yml
```

　この例では、本来は「main.yml」でなければいけないファイル名が「maim.yml」となってしまっていますが、このロールをプレイブックから呼び出した場合、Ansible の挙動がどうなるか想像できますでしょうか？
　なんとなく「エラーになるのは？」と考えてしまうのですが、特にエラーとはなりません。実際に inventory.ini ファイルでターゲットノード名を変更（alfa → alfa2）して実行した結果を以下に示します。

◎　main.yml（正しいファイル名）の場合の実行結果

```
$ ansible-playbook -i inventory.ini linux_configuration.yml -K -t hostname
BECOME password:

PLAY [Initialize OS setting for Linux Servers] ********************************

TASK [Gathering Facts] ********************************************************
ok: [bravo]
ok: [charlie]
```

```
ok: [alfa2]

TASK [common/hostname : Set a hostname] ****************************************
ok: [charlie]
ok: [bravo]
changed: [alfa2]

PLAY RECAP *********************************************************************
alfa2                      : ok=2    changed=1    unreachable=0    failed=0   ...
bravo                      : ok=2    changed=0    unreachable=0    failed=0   ...
charlie                    : ok=2    changed=0    unreachable=0    failed=0   ...
```

◎　maim.yml（ファイル名間違い）の場合の実行結果

```
$ ansible-playbook -i inventory.ini linux_configuration.yml -K -t hostname
BECOME password:

PLAY [Initialize OS setting for Linux Servers] *********************************

TASK [Gathering Facts] *********************************************************
ok: [bravo]
ok: [alfa2]
ok: [charlie]

PLAY RECAP *********************************************************************
alfa2                      : ok=1    changed=0    unreachable=0    failed=0   ...
bravo                      : ok=1    changed=0    unreachable=0    failed=0   ...
charlie                    : ok=1    changed=0    unreachable=0    failed=0   ...
```

　結果から分かるように、特にエラーとなったりはせず、単純にタスクが実行されませんでした。これは maim.yml（誤った名前のファイル）が別ファイル扱いとなり、さらに外部ファイル呼び出し（include や import）もされなかったので、ただ置いてあるだけのファイルとなってしまったためです。正しいファイル名での実行の場合は「common/hostname : Set a hostname」のタスク項目がありますが、間違ったファイル名の実行では存在していないことからも、ファイル自体が読み込まれていないことが分かります。

　今回は分かりやすくするために一部のタスクだけを抜粋して例示しましたが、他のロールなどもまとめて実行して多くのタスクを処理している場合、このように一部のタスクだけが読み込まれていなかったとしてもそれに気づくことが難しくなります。重要なのは、ロールの開発時点でこのようなミスが介在しないように、しっかりとテストを実施しておくことでしょう。

　Ansible のテストについては、いくつかの手法が存在します。一番簡単に利用できるのは「ansible.builtin.assert[*12]」モジュールで、条件に合致しない場合にタスクの実行をエラーとして処理を中断させられます。しかし、今回のように「ホスト名が想定通りになっているかど

うか」というような単純なテストであれば `ansible.builtin.assert` モジュールで十分カバーできるのですが、複数の項目のテストや複雑な条件のテストを実施しようとすると実現が難しくなってきます。

　このような複雑なテストを実施する場合は、「Ansible Molecule[*13]」を利用するのがよいでしょう。Molecule は、ロール開発において効率良くテストを実施するためのテストフレームワークで、テスト環境の構築や文法チェック、冪等性も確認できるテストコードの繰り返し実行など、Ansible でのテストを支援する機能が豊富に用意されています。

　その他のテストツールとしては、「ansible_spec[*14]」を利用する方法もあります。ansible_specでは、Serverspec を利用して Ansible のテストを実施することができます。Serverspec は Rubyのテストフレームワークである RSpec を利用して、自動テストを実現するオープンソースソフトウェアです。歴史の長いツールであるため、日本語での情報も多いのが特徴です。特に、これまで Linux 構成管理において、Serverspec でサーバーのテストを行ってきた方には適したツールでしょう。

　Ansible やロールに慣れてきたら、次へのステップとしてこのようなテストツールの導入にも是非チャレンジしてみてください。

3-5　まとめ

　本章では、プレイブックとインベントリの取り扱い方をまず学習し、そのあとで実際の利用例としてLinux 構成管理への利用方法を見てきました。基本的な書式だけではなく、沢山のモジュールなども登場したので、果たして使いこなすことができるのか、不安を覚えているかもしれません。しかし、一度にすべてを覚える必要はまったくなく、利用できるところから少しずつ使い始めれば十分です。実際にプレイブックを書いて動作を確認しながら改良していくことで、Infrastructure as Code の利便性を感じながら、Ansible 自体の理解も深めることができます。

　次章以降では、本章で学んだ知識をさらに応用し、より実践的な構成について見ていきます。本章で紹介したプレイブックやインベントリの知識が必要になりますので、何度も本章に立ち戻って復習するようにしてください。

＊ 12　ansible.builtin.assert module – Asserts given expressions are true
＊ 12　ansible.builtin.assert module – Asserts given expressions are true
　　　https://docs.ansible.com/ansible/latest/collections/ansible/builtin/assert_module.html
＊ 13　Ansible Molecule
　　　https://molecule.readthedocs.io/
＊ 14　ansible_spec
　　　https://github.com/volanja/ansible_spec

第4章

監視システムの
デプロイメント

　これまでの章では、プレイブックの基本的な利用方法を紹介しました。本章からは、いよいよ Ansible を利用した実践的な構築作業を行います。今まで学んだ基本の書式を応用することにより、アプリケーション実行環境の構築を自動化できます。これらの具体的な実装方法について見ていきましょう。

　手動でアプリケーション実行環境を構築する際には各環境の状況に応じた手順書を作成し、展開方法をその都度確認しては作業者がコマンドを実行していました。この方法では準備の手間がかかる割にはヒューマンエラーも発生しやすく、時間や労力を無駄に消費するケースも多く発生していたことでしょう。

　しかし、Ansible を利用することにより、手順書はプレイブックとして再利用可能となります。差分としたい部分のみを変数などでパラメーター化しておけば、本番環境と開発環境で同じコードを利用し、同様の実行環境をすぐに自動構築できます。

　本章では、アプリケーションのデプロイメント方法として Prometheus、Node Exporter、Grafana を利用した監視システムの導入事例を紹介します。こちらをサンプルとして、Ansible における本格的なアプリケーションデプロイメントを学び、「Infrastructure as Code」の素晴らしさを体感してみてください。

4-1 基本構成

この節では Ansible による監視システムのデプロイメントの概要および全体像について解説します。今回デプロイする監視システムでは、Prometheus、Node Exporter、Grafana を使用します。また、これらのソフトウェアは執筆時点で提供されるバージョンを使用します。

4-1-1 全体構成

今回の監視システムでは、Prometheus、Node Exporter、Grafana の各ソフトウェアをそれぞれ別のノード上で実行します。構成としては複数のソフトウェアを同一ノード上で動かすこともできますが、分かりやすさを優先して、1 台ずつノードを配置します。全体アーキテクチャと利用するコンポーネントは Figure 4-1 のとおりです。

Figure 4-1　監視システムの全体アーキテクチャ

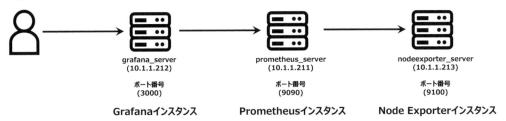

監視システムを構成するすべてのノードに Rocky Linux 9.1 をインストールし、ターゲットノードとして利用可能な状態となるようにセットアップします。Ansible のターゲットノードのセットアップ手順は、第 2 章の内容を参照してください。また、前提となるセットアップ要件を Table 4-1 にまとめましたので併せて確認してください。

Table 4-1　各ノードの OS セットアップ要件

項目	設定内容
OS / CPU Architecture	Rocky Linux 9.1 / x84_64, amd64
Install Type	Minimal install
ディスク容量	20GB 以上
メモリ	4GB 以上
ネットワーク	固定 IP アドレス
インターネット接続	必須

OS のインストールおよびターゲットノードとしてのセットアップが完了した各ノードに対して、次のコンポーネントを Ansible を用いてデプロイしていきます（括弧内に使用バージョンを表記）。

- Prometheus（2.42.0）

　クラウドネイティブ時代における監視システムのデファクトスタンダードと言えるオープンソース・ソフトウェアが Prometheus[1]です。さまざまなシステムの監視を行えますが、特に Kubernetes に代表されるような分散システムの監視に適した特性や機能を持っています。

　Prometheus に集約したメトリクスは、PromQL と呼ばれるクエリ言語を利用することで情報として活用できます。また、Alertmanager と呼ばれるコンポーネントと併用することで、アラート機能を簡単に利用することが可能です。

- Node Exporter（1.5.0）

　Prometheus では、基本的には Pull 型の動作でメトリクスを収集します[2]。つまり、監視対象ノード側のエージェントがメトリクスを送信してくるのではなく、Prometheus サーバー側がメトリクスを対象ノード上で稼働するエージェントに取りに行くという動作です。このエージェントソフトウェアのことを Prometheus では Exporter（エクスポーター）[3]と呼びます。さまざまな種類のエクスポーターが存在しますが、今回は Prometheus プロジェクト公式エクスポーターで、最もよく利用されるオープンソースの Node Exporter[4]をデプロイします。

　Node Exporter は、CPU/メモリ/ディスク/ネットワークなど、デプロイされたノードのハードウェアおよびカーネルに関連するさまざまなメトリクスを幅広く収集します。収集されたメトリクスから、ノードの利用状況を監視し、状況に応じてアラートを上げることが可能となります。

- Grafana（9.4.3）

　Prometheus には標準で Web UI の機能が同梱されていますが、PromQL の実行に最適化されており、日々の運用の中で用いるにはあまり適していません。通常、運用においては状況

＊1　Prometheus
　　　https://prometheus.io/
＊2　Pushgateways を利用することで Push 型の利用も可能です。
　　　https://prometheus.io/docs/practices/pushing/
＊3　Prometheus で利用できるエクスポーターの一覧
　　　https://prometheus.io/docs/instrumenting/exporters/
＊4　Node Exporter
　　　https://prometheus.io/docs/guides/node-exporter/

をひと目で把握できるグラフなどを配したダッシュボードを利用します。このように収集したメトリクスから情報をグラフなどの見やすい形で抽出することをビジュアライズ（可視化）と言います。

Grafana[5]は、Prometheus とよく組み合わせて利用されるオープンソースのビジュアライズソフトウェアです。Prometheus を正式にサポートしており、コミュニティが公開している既存のダッシュボードを利用すれば、すぐに Node Exporter が収集したメトリクスを可視化できます。また、ダッシュボードは独自で自由にカスタマイズが可能なので、運用形態に合わせて好きなように改変していくことができます。

ダッシュボード内の各パネルにおいて、PromQL がサポートされる点も大きなメリットです。これにより必要な情報を動的に抽出しグラフ化できます。

4-1-2　不足しているコンポーネントの追加

本章で使用するモジュールの一部は、ansible-core に含まれていません。そのため、コントロールノードに、ansible-galaxy コマンドを使用して、追加コレクションをインストールしてください。

ansible-galaxy コマンドについての詳細は、「5-2 Ansible Galaxy」を参照してください。

◎　追加コレクションのインストール

```
$ cd PATH_TO/effective_ansible/sec4/
$ ansible-galaxy collection install community.general
$ ansible-galaxy collection install community.grafana
$ ansible-galaxy collection install ansible.posix
$ ansible-galaxy collection list
Collection        Version
----------------- -------
ansible.posix     1.5.2
community.general 6.6.0
community.grafana 1.5.4
...（省略）...
```

＊ 5　Grafana
　　　https://grafana.com/

4-1-3　インベントリとプレイブックの概要

　それでは監視システムデプロイメントで使用する、インベントリとプレイブックの2つのファイルについて見ていきましょう。

■ 監視システム構築のインベントリファイル

　インベントリファイルには、各ターゲットノードのホスト名とSSH接続用のIPアドレスを3つのグループに分けて定義しています。このようにグループ分けをしておくことで、後ほど冗長化する必要性が出てきた場合でも、容易にノードを追加できます。ターゲットノード固有の変数は、ホスト変数やグループ変数ごとに host_vars や group_vars を利用するほうが好ましいので、インベントリファイル内では定義していません。

Code 4-1　インベントリファイル：./sec4/inventory.ini

```
1: [prometheus]
2: prometheus_server ansible_host=10.1.1.211
3:
4: [grafana]
5: grafana_server ansible_host=10.1.1.212
6:
7: [nodeexporter]
8: nodeexporter_server ansible_host=10.1.1.213
```

■ 監視システム構築のプレイブック

　監視システムデプロイにおいては、ansible-playbook コマンドで monitoring_system_deploy.yml のプレイブックを指定します。

　このプレイブックには、Node Exporter、Prometheus、Grafana の各コンポーネントをデプロイするプレイが合計3つ含まれています。それぞれのプレイでは個別のホストを対象とするのではなく、先述したインベントリファイルで定義した3つのグループを対象としている点に注目してください。また、プレイには become: true が設定されており、管理者権限で実行されることが分かります。

　プレイ内のタスクでは、それぞれコンポーネントをデプロイするロールをインポートしています。このように実際の処理をロールとしておくことで、プレイブック自体の可読性を高めるだけ

ではなく、再利用性も高めています。また、タスクに対してタグ（tags）を設定することで、部分的なタスクの実行も可能としている点も確認しておきましょう。

Code 4-2　監視システム構築のプレイブック：./sec4/monitoring_system_deploy.yml

```
 1: ---
 2: - name: Deploy Node Exporter for the monitoring system
 3:   hosts: nodeexporter
 4:   become: true
 5:   tasks:
 6:     - ansible.builtin.import_role: ##（1）OS の基本設定
 7:         name: common
 8:       tags: common
 9:
10:     - ansible.builtin.import_role: ##（2）Node Exporter の構築
11:         name: nodeexporter
12:       tags: nodeexporter
13:
14: - name: Deploy Prometheus for the monitoring system
15:   hosts: prometheus
16:   become: true
17:   tasks:
18:     - ansible.builtin.import_role: ##（1）OS の基本設定
19:         name: common
20:       tags: common
21:
22:     - ansible.builtin.import_role: ##（3）Prometheus の構築
23:         name: prometheus
24:       tags: prometheus
25:
26: - name: Deploy Grafana for the monitoring system
27:   hosts: grafana
28:   become: true
29:   tasks:
30:     - ansible.builtin.import_role: ##（1）OS の基本設定
31:         name: common
32:       tags: common
33:
34:     - ansible.builtin.import_role: ##（4）Grafana の構築
35:         name: grafana
36:       tags: grafana
```

■ ロールの基本構成

プレイブックの手順に沿って、必要なロールを切り分けます。ここでは、基本構成の概要だけを解説し、各ロール内に配置するファイルは実装とともに後の節で詳しく紹介します。

◎ 監視システム構築のプレイブックディレクトリ構造

```
./sec4/
├――monitoring_system_deploy.yml ## 監視システムのデプロイメントを行うプレイブック
├――inventory.ini
└――roles
    ├――common          ## OS の基本設定を行うロール
    ├――grafana         ## Grafana のデプロイメント処理を行うロール
    ├――nodeexporter    ## Node Exporter のデプロイメント処理を行うロール
    └――prometheus      ## Prometheus のデプロイメント処理を行うロール
```

ロールを利用すると、デフォルトでは各ロールの tasks ディレクトリ内にある main.yml が自動的に読み込まれます。ここですべてのタスクを main.yml で定義すると、ファイルが肥大化し、どのようなタスクを処理しているのかが分かりづらくなります。よってここでは一部のタスクを別のファイルに切り出すことで可読性を高めています。main.yml からは include_tasks モジュールを用いることで、別ファイルに切り出したタスクの呼び出しを定義します。

各ミドルウェアのデプロイメントに必要な基本操作カテゴリは、おおよそ以下の3つです。これは、Ansible で指定されたファイル構成とは関係がなく、管理の便宜上分割したファイル群です。ロール以外の外部ファイルは、環境によって実行者が自由に作成できますが、誰しもがひと目で分かるような汎用性を意識することが重要です。

（1）インストール前の準備作業タスク（check_install.yml）
（2）インストール作業タスク（install.yml）
（3）設定作業タスク（configure.yml）

◎ ロールの基本構成例

```
./roles/example/
└――tasks
    ├――check_install.yml
    ├――configure.yml
    ├――install.yml
    └――main.yml
```

このように、事前にタスクの分割を行っておくと、後で異なるカテゴリのタスクを追加すると
きや、不要なタスク群をメンテナンスするときに便利です。

4-2　OS の基本設定

監視システムの各コンポーネントは、それぞれ別のノードにデプロイしますが、今回のデプロ
イメントではターゲットノードの OS はすべて共通のもの（Rocky Linux 9.1）を利用します。

ここでは、各コンポーネントのインストールに先だって OS レイヤに対して行う共通処理を、
common ロールとして切り出しています。このようにロールとして再利用しやすくすることで、
ノードごとに同じ処理を重複して書く必要がなくなります。また、OS レイヤに対して行っている
処理だけを分けておくことで全体の見通しも良くなります。

4-2-1　common ロールのディレクトリ構成

common ロールで使用する、ディレクトリは tasks のみです。

◎　common ロールのディレクトリ構造

```
./sec4/roles/common
└――tasks
    └――main.yml
```

今回は OS レイヤに対して処理する共通のタスクが少ないため main.yml のみで記述していま
す。もし、共通で処理させたいタスクが多い場合は、カテゴリごとにタスクを別ファイルに切り
出すことも検討してください。

4-2-2　タスクの詳細

common ロールのタスクでは、DNF パッケージのアップデートと追加インストールを行います。

Code 4-3　common の基本設定タスク: ./sec4/roles/common/tasks/main.yml

```
1: ---
2: ##　(1) DNF パッケージのアップデート
3: - name: configure / Update dnf packages
```

```
 4:   ansible.builtin.dnf:
 5:     name: '*'
 6:     state: latest
 7:     update_cache: true
 8:
 9: ## （2）tar パッケージのインストール
10: - name: configure / Install dnf packages
11:   ansible.builtin.dnf:
12:     name: tar
13:     state: latest
```

（1）インストール済み DNF パッケージのアップデート

　監視システムの各コンポーネントをインストールしていく前に、OS にインストール済みの DNF パッケージを最新に更新しておきます。state アーギュメントに「latest」を指定することで、最新版のパッケージに更新できます。

　dnf モジュールを利用して DNF パッケージを操作する場合、通常は name アーギュメントに対象となる DNF パッケージ名を指定しますが、ここで「*」（アスタリスク）を指定することで OS にインストール済みのすべてのパッケージを更新できます。

　ここでは update_cache アーギュメントに「true」を指定し、キャッシュが古くないかどうかのチェックも強制しています。これにより最新のパッケージが確実にダウンロードされ、また以降のパッケージ処理もキャッシュされたデータを使い高速化されます。

（2）tar パッケージのインストール

　監視システムのデプロイメントにおいて必要となる tar パッケージの最新版をインストールします。state アーギュメントに「latest」を指定することで、tar パッケージがインストールされていない場合は最新版がインストールされます。もし、tar パッケージがすでにインストールされていた場合は、自動的にバージョンを確認し、必要に応じて最新版に更新します。

4-2-3　タスクの実行

　monitoring_system_deploy.yml のプレイブックでは、common ロールのタスクだけを個別に実行できるようにタグを設定しています。ansible-playbook コマンドに「-t タグ名」のオプションを指定することで、指定したタグが設定されているタスクだけを実行できます。

　ここではまず、common タグの付いているタスクだけを実行してみましょう。このタスクは管

理者権限での実行が指定されている（become: true）ため、ターゲットノード上で「sudo」を実行するのにパスワードが必要であれば「-K」オプションを付けて実行することを忘れないでください。パッケージ更新の様子を確認したい場合は、「-v」オプションを付けて詳細な実行結果を出力させるとよいでしょう。

◎ common タグの付いたタスクだけを実行

```
$ cd PATH_TO/effective_ansible/sec4/
$ ansible-playbook -i ./inventory.ini ./monitoring_system_deploy.yml \
  -t common -K -v
```

　このコマンド実行によりパッケージが更新されたら、もう一度同じコマンドを実行してみてください。先ほどは「changed」として変更処理をしていたタスクが、今度は何も変更しなくなっていることが確認できます。このことからも Ansible の冪等性を感じられるでしょう。

4-3　Node Exporter のデプロイ

　各ノードの OS の基本設定が完了したら、いよいよ監視システムのコンポーネントをデプロイしていきましょう。

　Prometheus を使った監視では、Prometheus サーバーから各ノード上のエージェント（エクスポーター）にメトリクスを取得しにいく「Pull 型」のアーキテクチャを採用しています。ここでは、Prometheus サーバーのデプロイに先立ち、監視対象ノード上に Node Exporter をデプロイします。

4-3-1　nodeexporter ロールのディレクトリ構成

　nodeexporter ロールでは、tasks ディレクトリの中に Node Exporter のインストールタスクを処理カテゴリごとに別ファイルで定義しています。これによって、タスクのメンテナンス性やファイルの可読性が向上します。main.yml で指定した順番に従って、各ファイルがインクルードされて処理されます。

　common ロールでは tasks ディレクトリしか使いませんでしたが、nodeexporter ロールではさらに「templates」と「vars」の 2 つのディレクトリも利用します。それぞれ Jinja2 テンプレートファイルと変数定義ファイルを格納しています。

◎　nodeexporter ロールのディレクトリ構造

```
./sec4/roles/nodeexporter
├――tasks
│　├――check_install.yml        ## Node Exporter インストール前の前提作業タスクを定義
│　├――configure.yml           ## Node Exporter 設定作業タスクを定義
│　├――install.yml             ## Node Exporter インストール作業タスクを定義
│　└――main.yml                ## 各タスクを順番に呼び出す定義
├――templates
│　└――node_exporter.service.j2 ## Node Exporter のサービス定義テンプレート
└――vars
　　└――main.yml                ## Node Exporter の変数定義
```

4-3-2　nodeexporter ロールの変数

　nodeexporter ロールでは、インストールする Node Exporter のバージョンや使用するポート、実行ユーザーなどを変数として定義しています。

　今回は分かりやすさを優先しているため、変数の値を固定値として vars/main.yml に埋め込んでいます。しかし、実際の環境においては、このロールを利用する状況に応じて値を変更したくなるケースもあります。そのような場合では、固定値ではなく別の変数を入れ子として指定することで、ロールを呼び出すプレイブックや ansible-playbook コマンドで変数の値を指定することが可能です。再利用性を高めるテクニックとして有用ですので、ロールに慣れてきたら是非使ってみてください。nodeexporter ロールで使用する変数の説明は Table 4-2 のとおりです。

Code 4-4　nodeexporter ロールの変数定義：./sec4/roles/nodeexporter/vars/main.yml

```
1: ---
2: nodeexporter_version: 1.5.0
3: nodeexporter_port: 9100
4: nodeexporter_os_group: nodeexporter
5: nodeexporter_os_user: nodeexporter
```

Table 4-2　nodeexporter ロールの変数一覧（本書執筆時点）

変数名	変数の説明
nodeexporter_version	Node Exporter のバージョン
nodeexporter_port	Node Exporter のポート番号
nodeexporter_os_group	Node Exporter の OS グループ名
nodeexporter_os_user	Node Exporter の OS ユーザー名

4-3-3　タスクの詳細

tasks/main.yml では、処理カテゴリごとに分割した各定義ファイルを呼び出します。多くのタスクを実行しなければならない場合などでは、このように処理を分けて定義することで全体の見通しが良くなります。さらにタスク群の条件分岐やタグ設定なども一括で行えるため、メンテナンス性も向上します。タスクの定義を分割するかどうかは全体の作業量にも依存するため、YAMLをいきなり書き始めるのではなく、必要な手順を先に洗い出しておいてから、どのよう順番で各タスクを処理するかを計画するとよいでしょう。

nodeexporter ロールでは、事前準備作業、インストール作業、設定作業のカテゴリごとにタスク定義ファイルを分割し、これらを記載順に動的に呼び出します。

Code 4-5　nodeexporter ロールのタスク処理の流れ：./sec4/roles/nodeexporter/tasks/main.yml

```
1: ---
2: - ansible.builtin.include_tasks: roles/nodeexporter/tasks/check_install.yml
3: - ansible.builtin.include_tasks: roles/nodeexporter/tasks/install.yml
4: - ansible.builtin.include_tasks: roles/nodeexporter/tasks/configure.yml
```

分割した定義ファイルの呼び出しには Ansible バージョン 2.4 から導入された「include_tasks」を使用します。Ansible バージョン 2.3 以前では「include」が代わりに利用されていましたが、これは将来のバージョンで廃止される予定です。

Table 4-3　nodeexporter ロールのタスクおよび利用モジュール一覧（本書執筆時点）

タスクカテゴリ	具体的なタスク内容	利用モジュール名
インストール前の準備作業	(1) firewalld のポート許可	ansible.posix.firewalld
(check_install.yml)	(2) OS グループの作成	ansible.builtin.group
	(3) OS ユーザーの作成	ansible.builtin.user
インストール作業 (install.yml)	(1) Node Exporter ダウンロード	ansible.builtin.unarchive
	(2) Node Exporter シンボリックリンク作成	ansible.builtin.file
設定作業 (configure.yml)	(1) Node Exporter サービス設定ファイル配置	ansible.builtin.template
	(2) Node Exporter サービス設定	ansible.builtin.systemd

■ Node Exporter インストール前の準備作業タスク

tasks/check_install.yml では、Node Exporter インストール前に行う準備作業タスクを定義しています。ここでは、firewalld のポート開放、OS グループの作成、OS ユーザーの作成をそれぞ

れ事前準備作業として処理します。各タスクでは、vars/main.yml で定義した変数の値を参照している点にも注目しておきましょう。

Code 4-6　Node Exporter インストール前の準備作業タスク:
　　　　　./sec4/roles/nodeexporter/tasks/check_install.yml

```
 1: ---
 2: ## （1）firewalld のポート許可
 3: - name: configure / Add Node Exporter port
 4:   ansible.posix.firewalld:
 5:     port: "{{ nodeexporter_port }}/tcp"
 6:     permanent: true
 7:     state: enabled
 8:     immediate: true
 9:
10: ## （2）OS グループの作成
11: - name: configure / Add Node Exporter group
12:   ansible.builtin.group:
13:     name: "{{ nodeexporter_os_group }}"
14:     state: present
15:
16: ## （3）OS ユーザーの作成
17: - name: configure / Add Node Exporter user
18:   ansible.builtin.user:
19:     name: "{{ nodeexporter_os_user }}"
20:     groups: "{{ nodeexporter_os_group }}"
```

（1）firewalld のポート許可

Rocky Linux では firewalld がデフォルトで有効となっているため、Node Exporter の通信ポートを許可します。

- 許可するポート番号は、vars/main.yml で定義した nodeexporter_port 変数の値（9100）を参照
- 「permanent: true」により設定が永続化され、ノード再起動後も通信が許可される
- 「immediate: true」により設定が即座に反映される

（2）OS グループの作成

Node Exporter の実行グループを OS 上に作成します。

- 作成する OS グループ名は、vars/main.yml で定義した nodeexporter_os_user 変数の値（nodeexporter）を参照

183

(3) OS ユーザーの作成

Node Exporter の実行ユーザーを OS 上に作成します。

- 作成する OS ユーザー名は、vars/main.yml で定義した `nodeexporter_os_user` 変数の値（nodeexporter）を参照
- 作成する OS ユーザーの所属グループ名は、vars/main.yml で定義した `nodeexporter_os_group` 変数の値（nodeexporter）を参照

■ Node Exporter インストール作業タスク

事前準備作業のタスクが完了すると、次に `tasks/install.yml` で定義されたインストールタスクが実行されます。ここでは、公式サイト（GitHub リポジトリ）からの Node Exporter ダウンロードおよび展開をインストール作業として処理します。

Node Exporter はシングルバイナリの形態で配布されているので、ダウンロードしたファイルを実行するだけで配置先ノードの各種メトリクスを収集および提供することが可能です。

Code 4-7　Node Exporter のインストール作業タスク: ./sec4/roles/nodeexporter/tasks/install.yml

```
 1: ---
 2: ##  (1) Node Exporter ダウンロード
 3: - name: download / Download Node Exporter file
 4:   ansible.builtin.unarchive:
 5:     src: https://github.com/prometheus/node_exporter/releases/download/⇒
 6: v{{ nodeexporter_version }}/node_exporter-{{ nodeexporter_version }}.⇒
 7: linux-amd64.tar.gz
 8:     dest: /usr/local/src
 9:     owner: "{{ nodeexporter_os_user }}"
10:     group: "{{ nodeexporter_os_group }}"
11:     remote_src: true
12:
13: ##  (2) Node Exporter シンボリックリンク作成
14: - name: configure / Create node_exporter symbolic link
15:   ansible.builtin.file:
16:     src: /usr/local/src/node_exporter-{{ nodeexporter_version }}.linux-amd64/⇒
17: node_exporter
18:     dest: /usr/local/node_exporter
19:     state: link
```

（1）Node Exporter ダウンロード

公式サイト（GitHub リポジトリ）から Node Exporter のアーカイブファイルをダウンロードし、/usr/local/src へ展開配置します。

- Node Exporter のバージョンは、vars/main.yml で定義した nodeexporter_version 変数の値（1.5.0）を参照
- 「remote_src: true」の指定により、コントロールノード外に置かれたファイルをターゲットノード上に配置するように指定
- src アーギュメントにより、指定 URL のファイルをターゲットノードにダウンロードさせる
- dest アーギュメントにより、ダウンロードしたファイルをターゲットノードの「/usr/local/src」に展開配置
- 配置ファイルの所有者名は、vars/main.yml で定義した nodeexporter_os_user 変数の値（nodeexporter）を参照
- 配置ファイルの所属グループ名は、vars/main.yml で定義した nodeexporter_os_group 変数の値（nodeexporter）を参照

（2）Node Exporter シンボリックリンク作成

Node Exporter のシンボリックリンクを/usr/local 以下に作成します。

- Node Exporter のバージョンは、vars/main.yml で定義した nodeexporter_version 変数の値（1.5.0）を参照
- src アーギュメントにより、リンク先となるソースファイル（node_exporter）を指定
- dest アーギュメントにより、シンボリックリンクファイル名（/usr/local/node_exporter）を指定

■ Node Exporter 設定作業タスク

インストールのタスクが完了すると、次に tasks/configure.yml で定義された設定作業タスクが実行されます。ここでは、Systemd へのサービス登録を設定作業として処理します。この処理により Node Exporter がサービスとして Systemd によって管理されます。ノード再起動時などでも Node Exporter が自動起動されるため、継続して対象ノードの各種メトリクス（CPU 使用率、メモリ使用量など）を収集できます。

Systemd へのサービス登録のために、今回はテンプレートファイルをもとにサービス定義ファイ

ルをターゲットノード上に配置します。このテンプレートファイルの配置には「ansible.builtin.
template」モジュールを利用します。このモジュールを利用することで、単純なファイルコピーでは
なく、Jinja2 テンプレートエンジン*6の機能を利用した動的なファイル配置が可能です。ここでは、事
前に定義したロールの変数の値をテンプレートファイル内のプレースホルダー（{{ nodeexporter_
os_user }}）に埋め込んだ上でファイルを配置しています。

Code 4-8　Node Exporter の設定作業タスク: ./sec4/roles/nodeexporter/tasks/configure.yml

```
 1: ---
 2: ## （1）Node Exporter サービス定義ファイル配置
 3: - name: configure / Update prometheus.yml
 4:   ansible.builtin.template:
 5:     src: templates/node_exporter.service.j2
 6:     dest: /etc/systemd/system/node_exporter.service
 7:     owner: "{{ nodeexporter_os_user }}"
 8:     group: "{{ nodeexporter_os_group }}"
 9:     mode: '0755'
10:
11: ## （2）Node Exporter サービス登録
12: - name: configure / Reload and Enable node_exporter service
13:   ansible.builtin.systemd:
14:     name: node_exporter
15:     state: started
16:     enabled: true
17:     daemon_reload: true
```

（1）Node Exporter サービス定義ファイル配置

　ansible.builtin.template モジュールにより、テンプレートファイルの内容を変換してから
ターゲットノード上に配置します。

- src アーギュメントにより、コントロールノード上のテンプレートファイルを指定
- dest アーギュメントにより、ターゲットノード上での配置先を指定
- 配置ファイルの所有者名は、vars/main.yml で定義した nodeexporter_os_user 変数の値
  （nodeexporter）を参照
- 配置ファイルの所属グループ名は、vars/main.yml で定義した nodeexporter_os_group 変
  数の値（nodeexporter）を参照
- mode アーギュメントにより、配置ファイルのパーミッション（0755）を指定

*6　Jinja
　　https://jinja.palletsprojects.com/

186

テンプレートファイル「templates/node_exporter.service.j2」ではプレースホルダー「{{ nodeexporter_os_user }}」を利用し、ファイル配置時に vars/main.yml で定義した nodeexporter _os_user 変数の値（nodeexporter）を動的に埋め込みます。テンプレートファイル自体を編集する必要がないのでロールの再利用がしやすくなります。

Code 4-9　Node Exporter サービス定義テンプレートファイル:
　　　　　 ./sec4/roles/nodeexporter/templates/node_exporter.service.j2

```
 1: [Unit]
 2: Description=node_exporter for Prometheus
 3:
 4: [Service]
 5: Restart=always
 6: User={{ nodeexporter_os_user }}
 7: ExecStart=/usr/local/node_exporter
 8: ExecReload=/bin/kill -HUP $MAINPID
 9: TimeoutStopSec=20s
10: SendSIGKILL=no
11:
12: [Install]
13: WantedBy=multi-user.target
```

（2）Node Exporter サービス登録

「ansible.builtin.systemd」モジュールを用いて Systemd を操作しています。Node Exporter サービスが Systemd に登録され、起動されます。

- 「daemon_reload: true」の指定により、新しく配置された定義ファイルが Systemd に読み込まれる
- 「state: started」の指定により、サービスが起動状態となる
- 「enabled: true」の指定により、サービスが有効化される（再起動時も自動起動）

4-3-4　タスクの実行

nodeexporter ロールのタスクを実行することで、ターゲットノード上で Node Exporter を実行し、メトリクスの収集を開始できます。monitoring_system_deploy.yml のプレイブックでは、common ロールと同様に、タグを指定することで nodeexporter ロールのタスクだけを個別に実行可能です。または、「-l（--limit）」オプションによりプレイブック実行ターゲットを指定した

ノード/グループだけに制限することも可能です。このタスクでも管理者権限での実行が指定されている（become: true）ため、必要であれば「-K」オプションを指定して ansible-playbook コマンドを実行します。

◎　Node Exporter デプロイメントの実行

```
$ cd PATH_TO/effective_ansible/sec4/
$ ansible-playbook -i ./inventory.ini ./monitoring_system_deploy.yml \
  -l nodeexporter -t nodeexporter -K
```

4-3-5　接続確認

Node Exporter のデプロイが完了したら、接続の確認をします。Node Exporter が Listen している 9100 ポートに接続し、メトリクスを参照できるか確認しましょう。

■ Web ブラウザ経由での接続確認

Web ブラウザを開き、以下の URL にアクセスしてみてください。

```
http://10.1.1.213:9100/
```

接続が成功すると Node Exporter のトップ画面が表示されます（Figure 4-2）。

Figure 4-2　Node Exporter のトップ画面

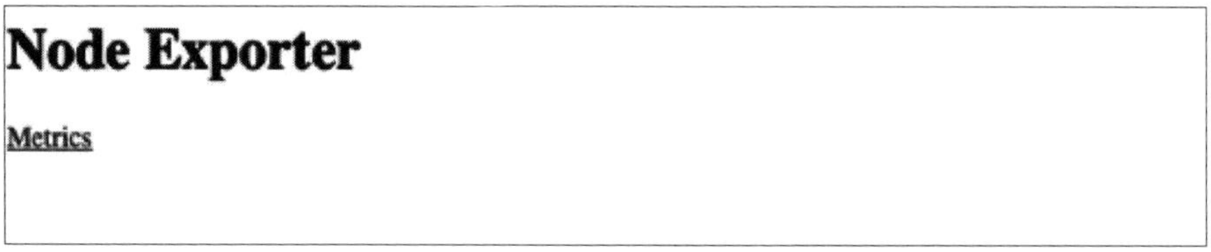

画面の「Metrics」をクリックすると、Node Exporter が取得しているメトリクスを確認できます（Figure 4-3）。メトリクスが表示されれば、正常にサービスが起動できていると判断できます。

Figure 4-3　Node Exporter のメトリック

```
# HELP go_gc_duration_seconds A summary of the pause duration of garbage collection cycles.
# TYPE go_gc_duration_seconds summary
go_gc_duration_seconds{quantile="0"} 1.3296e-05
go_gc_duration_seconds{quantile="0.25"} 2.9705e-05
go_gc_duration_seconds{quantile="0.5"} 3.2645e-05
go_gc_duration_seconds{quantile="0.75"} 4.2452e-05
go_gc_duration_seconds{quantile="1"} 5.7973e-05
go_gc_duration_seconds_sum 0.00054704
go_gc_duration_seconds_count 16
# HELP go_goroutines Number of goroutines that currently exist.
# TYPE go_goroutines gauge
go_goroutines 8
# HELP go_info Information about the Go environment.
# TYPE go_info gauge
go_info{version="go1.19.3"} 1
# HELP go_memstats_alloc_bytes Number of bytes allocated and still in use.
# TYPE go_memstats_alloc_bytes gauge
go_memstats_alloc_bytes 2.82304e+06
# HELP go_memstats_alloc_bytes_total Total number of bytes allocated, even if freed.
# TYPE go_memstats_alloc_bytes_total counter
go_memstats_alloc_bytes_total 3.1827184e+07
# HELP go_memstats_buck_hash_sys_bytes Number of bytes used by the profiling bucket hash table.
# TYPE go_memstats_buck_hash_sys_bytes gauge
go_memstats_buck_hash_sys_bytes 1.458539e+06
# HELP go_memstats_frees_total Total number of frees.
# TYPE go_memstats_frees_total counter
go_memstats_frees_total 394673
# HELP go_memstats_gc_sys_bytes Number of bytes used for garbage collection system metadata.
# TYPE go_memstats_gc_sys_bytes gauge
go_memstats_gc_sys_bytes 9.364536e+06
# HELP go_memstats_heap_alloc_bytes Number of heap bytes allocated and still in use.
# TYPE go_memstats_heap_alloc_bytes gauge
go_memstats_heap_alloc_bytes 2.82304e+06
# HELP go_memstats_heap_idle_bytes Number of heap bytes waiting to be used.
# TYPE go_memstats_heap_idle_bytes gauge
go_memstats_heap_idle_bytes 3.997696e+06
# HELP go_memstats_heap_inuse_bytes Number of heap bytes that are in use.
# TYPE go_memstats_heap_inuse_bytes gauge
go_memstats_heap_inuse_bytes 4.030464e+06
# HELP go_memstats_heap_objects Number of allocated objects.
# TYPE go_memstats_heap_objects gauge
go_memstats_heap_objects 22982
# HELP go_memstats_heap_released_bytes Number of heap bytes released to OS.
# TYPE go_memstats_heap_released_bytes gauge
go_memstats_heap_released_bytes 3.547136e+06
# HELP go_memstats_heap_sys_bytes Number of heap bytes obtained from system.
# TYPE go_memstats_heap_sys_bytes gauge
go_memstats_heap_sys_bytes 8.02816e+06
# HELP go_memstats_last_gc_time_seconds Number of seconds since 1970 of last garbage collection.
# TYPE go_memstats_last_gc_time_seconds gauge
go_memstats_last_gc_time_seconds 1.6787243331799424e+09
# HELP go_memstats_lookups_total Total number of pointer lookups.
# TYPE go_memstats_lookups_total counter
go_memstats_lookups_total 0
# HELP go_memstats_mallocs_total Total number of mallocs.
# TYPE go_memstats_mallocs_total counter
go_memstats_mallocs_total 417655
# HELP go_memstats_mcache_inuse_bytes Number of bytes in use by mcache structures.
# TYPE go_memstats_mcache_inuse_bytes gauge
go_memstats_mcache_inuse_bytes 1200
# HELP go_memstats_mcache_sys_bytes Number of bytes used for mcache structures obtained from system.
# TYPE go_memstats_mcache_sys_bytes gauge
go_memstats_mcache_sys_bytes 15600
# HELP go_memstats_mspan_inuse_bytes Number of bytes in use by mspan structures.
# TYPE go_memstats_mspan_inuse_bytes gauge
go_memstats_mspan_inuse_bytes 49640
# HELP go_memstats_mspan_sys_bytes Number of bytes used for mspan structures obtained from system.
# TYPE go_memstats_mspan_sys_bytes gauge
go_memstats_mspan_sys_bytes 65280
# HELP go_memstats_next_gc_bytes Number of heap bytes when next garbage collection will take place.
# TYPE go_memstats_next_gc_bytes gauge
```

■ curl コマンドでの接続確認

最後に curl コマンドを利用し、コマンドラインから接続を確認します。

◎　curl コマンドによる Node Exporter への接続確認

```
$ curl -Ss http://10.1.1.213:9100/metrics
```

コマンド実行の結果、メトリクスが表示されれば、正常にサービスが起動できていると判断できます。

4-4 Prometheus の基本構成

Node Exporter のデプロイが完了し、メトリクス取得ができる状態となりましたので、いよいよ今回の監視システムの中核である Prometheus を構築していきます。

メトリクスそのものは Node Exporter が各ノード上で収集していますが、Prometheus からは定期的にこのメトリクスを取得します。Prometheus はメトリクスデータを蓄積しており、クエリを実行して利用します。

4-4-1 prometheus ロールのディレクトリ構成

prometheus ロールは nodeexporter ロールと同様に、タスクを処理カテゴリごとに分割し、別のファイルで定義しています。main.yml でそれぞれの定義ファイルを読み込む順番を定義している点も同様です。Prometheus のインストールを行い、Node Exporter を監視する対象として設定していきます。

ディレクトリ構成も tasks、templates、vars の 3 つのディレクトリを利用します。

◎ prometheus ロールのディレクトリ構造

```
./sec4/roles/prometheus
├──tasks
│ ├──check_install.yml    ## Prometheus インストール前の準備作業タスクを定義
│ ├──configure.yml        ## Prometheus 設定作業タスクを定義
│ ├──install.yml          ## Prometheus インストール作業タスクを定義
│ └──main.yml             ## 各タスクを順番に呼び出す定義
├──templates
│ ├──prometheus.service.j2 ## Prometheus のサービス定義テンプレート
│ └──prometheus.yml.j2     ## Prometheus の設定テンプレート
└──vars
　 └──main.yml             ## Prometheus の変数定義
```

4-4-2 prometheus ロールの変数

prometheus ロールの変数定義においても、nodeexporter ロールと同様にインストールする Prometheus のバージョンや、使用するポート、実行ユーザーなどを変数として定義しています。

唯一、違いとして Prometheus のメトリクス取得先である Node Exporter の待ち受けポート番号

も変数として定義しています。ここでも今回は分かりやすさを優先し、変数の値を固定値として vars/main.yml に埋め込んでいますが、より利便性を向上させるのであれば、ロールの外で変数を定義し、prometheus ロールと nodeexporter ロールのそれぞれから値を参照させるほうがよいでしょう。次のステップへ進む際に検討してみてください。

Code 4-10　prometheus ロールの変数定義：./sec4/roles/prometheus/vars/main.yml

```
1: ---
2: prometheus_version: 2.42.0
3: prometheus_port: 9090
4: prometheus_os_group: prometheus
5: prometheus_os_user: prometheus
6:
7: nodeexporter_port: 9100
```

prometheus ロールで使用する変数は Table 4-4 のとおりです。

Table 4-4　prometheus ロールの変数一覧（本書執筆時点）

変数名	変数の説明
prometheus_version	Prometheus のバージョン
prometheus_port	Prometheus のポート番号
prometheus_os_group	Prometheus の OS グループ名
prometheus_os_user	Prometheus の OS ユーザー名
nodeexporter_port	Node Exporter のポート番号

4-4-3　タスクの詳細

ここでも nodeexporter ロールと同様に、tasks/main.yml で処理カテゴリごとに分割した各定義ファイルの呼び出し順を定義しています。

prometheus ロールでは、事前準備作業、インストール作業、設定作業のカテゴリごとにタスク定義ファイルを分割し、これらを記載順に動的に呼び出します。

Code 4-11　prometheus ロールのタスク処理の流れ：./sec4/roles/prometheus/tasks/main.yml

```
1: ---
2: - ansible.builtin.include_tasks: roles/prometheus/tasks/check_install.yml
3: - ansible.builtin.include_tasks: roles/prometheus/tasks/install.yml
4: - ansible.builtin.include_tasks: roles/prometheus/tasks/configure.yml
```

prometheus ロールのタスクおよび利用モジュールの説明は、Table 4-5 のとおりです。

Table 4-5　prometheus ロールのタスクおよび利用モジュール一覧

タスクカテゴリ	具体的なタスク内容	利用モジュール名
インストール前の準備作業 (check_install.yml)	(1) firewalld のポート許可	ansible.posix.firewalld
インストール作業 (install.yml)	(1)Prometheus ダウンロード	ansible.builtin.unarchive
設定作業 (configure.yml)	(1) prometheus.yml 設定	ansible.builtin.template

■ Prometheus インストール前の準備作業タスク

tasks/check_install.yml では、Prometheus インストール前に行う準備作業タスクを定義しています。ここでは、firewalld のポート開放、OS グループの作成、OS ユーザーの作成をそれぞれ事前準備作業として処理します。各タスクでは、vars/main.yml で定義した変数の値を参照しています。

Code 4-12　Prometheus インストール前の準備作業タスク: ./sec4/roles/prometheus/tasks/check_install.yml

```
 1: ---
 2: ##  (1) firewalld のポート許可
 3: - name: configure / Add Prometheus port
 4:   ansible.posix.firewalld:
 5:     port: "{{ prometheus_port }}/tcp"
 6:     permanent: true
 7:     state: enabled
 8:     immediate: true
 9:
10: ##  (2) OS グループの作成
11: - name: configure / Add Prometheus group
12:   ansible.builtin.group:
13:     name: "{{ prometheus_os_group }}"
14:     state: present
15:
```

```
16: ##  (3) OS ユーザーの作成
17: - name: configure / Add Prometheus user
18:   ansible.builtin.user:
19:     name: "{{ prometheus_os_user }}"
20:     groups: "{{ prometheus_os_group }}"
```

（1）firewalld のポート許可

Rocky Linux では firewalld がデフォルトで有効となっているため、Prometheus の通信ポートを許可します。

- 許可するポート番号は、vars/main.yml で定義した prometheus_port 変数の値（9090）を参照
- 「permanent: true」により設定が永続化され、ノード再起動後も通信が許可される
- 「immediate: true」により設定が即座に反映される

（2）OS グループの作成

Prometheus の実行グループを OS 上に作成します。

- 作成する OS グループ名は、vars/main.yml で定義した prometheus_os_group 変数の値（prometheus）を参照

（3）OS ユーザーの作成

Prometheus の実行ユーザーを OS 上に作成します。

- 作成する OS ユーザー名は、vars/main.yml で定義した prometheus_os_user 変数の値（prometheus）を参照
- 作成する OS ユーザーの所属グループ名は、vars/main.yml で定義した prometheus_os_group 変数の値（prometheus）を参照

■ Prometheus インストール作業タスク

事前準備作業のタスクが完了すると、次に tasks/install.yml で定義されたインストールタスクが処理されます。ここでは、公式サイト（GitHub リポジトリ）からの Prometheus ダウンロードおよび展開をインストール作業として処理します。

Prometheus も Node Exporter と同様にシングルバイナリの形態で配布されているので、ダウン

ロードしたファイルを実行するだけでメトリクスを蓄積してクエリの実行などで利用ができます。

Code 4-13　Prometheus のインストール作業タスク: ./sec4/roles/prometheus/tasks/install.yml

```
 1: ---
 2: ## （1）Prometheus ダウンロード
 3: - name: download / Download Prometheus file
 4:   ansible.builtin.unarchive:
 5:     src: https://github.com/prometheus/prometheus/releases/download/⇒
 6: v{{ prometheus_version }}/prometheus-{{ prometheus_version }}.⇒
 7: linux-amd64.tar.gz
 8:     dest: /usr/local/src
 9:     owner: "{{ prometheus_os_user }}"
10:     group: "{{ prometheus_os_group }}"
11:     remote_src: true
12:
13: ## （2）Prometheus ディレクトリ作成
14: - name: configure / Make directory /var/lib/prometheus
15:   ansible.builtin.file:
16:     path: /var/lib/prometheus
17:     state: directory
18:     owner: "{{ prometheus_os_user }}"
19:     group: "{{ prometheus_os_group }}"
20:     mode: '0755'
21:
22: ## （3）Prometheus シンボリックリンク作成
23: - name: configure / Create prometheus symbolic link
24:   ansible.builtin.file:
25:     src: /usr/local/src/prometheus-{{ prometheus_version }}.linux-amd64/prome⇒
26: theus
27:     dest: /usr/local/prometheus
28:     state: link
```

（1）Prometheus ダウンロード

　公式サイト（GitHub リポジトリ）から Prometheus のアーカイブファイルをダウンロードし、/usr/local/src へ展開配置します。

- Prometheus のバージョンは、vars/main.yml で定義した prometheus_version 変数の値（2.42.0）を参照

- 「remote_src: true」の指定により、コントロールノード外に置かれたファイルをターゲットノード上に配置するように指定

- src アーギュメントにより、指定 URL のファイルをターゲットノードにダウンロードさせる

- dest アーギュメントにより、ダウンロードしたファイルをターゲットノードの「`/usr/local/src`」に展開配置
- 配置ファイルの所有者名は、`vars/main.yml` で定義した `prometheus_os_user` 変数の値（prometheus）を参照
- 配置ファイルの所属グループ名は、`vars/main.yml` で定義した `prometheus_os_group` 変数の値（prometheus）を参照

(2) メトリクス格納先ディレクトリ作成

Prometheus では、デフォルトで`/var/lib/prometheus` 以下に取得したメトリクスを格納しますので、ここでディレクトリを作成しておきます。

- ディレクトリの所有者名は、`vars/main.yml` で定義した `prometheus_os_user` 変数の値（prometheus）を参照
- ディレクトリの所属グループ名は、`vars/main.yml` で定義した `prometheus_os_group` 変数の値（prometheus）を参照
- mode アーギュメントにより、配置ファイルのパーミッション（0755）を指定

（3）Prometheus シンボリックリンク作成

Prometheus のシンボリックリンクを`/usr/local` 以下に作成します。

- Prometheus のバージョンは、`vars/main.yml` で定義した `prometheus_version` 変数の値（2.42.0）を参照
- src アーギュメントにより、リンク先となるソースファイル（prometheus）を指定
- dest アーギュメントにより、シンボリックリンクファイル名（`/usr/local/prometheus`）を指定

■ Prometheus 設定作業タスク

インストールのタスクが完了すると、次に `tasks/configure.yml` で定義された設定作業タスクが処理されます。ここでは、Prometheus 設定ファイルの配置と Systemd へのサービス登録を設定作業として処理します。この処理により Prometheus がサービスとして Systemd によって管理され、ノード再起動時などでも Prometheus が自動起動されるようになります。Prometheus が起動すれば、Node Exporter から CPU 使用率やメモリ使用量などのメトリクスを取得し、Prometheus の Web UI 上でクエリを実行してメトリクスデータの抽出などが可能となります。

　Node Exporter はバイナリを実行すればノードのさまざまなメトリクスを自動で取得してくれたため、特に設定ファイルを配置することはありませんでした。しかし Prometheus の場合は、どのような動作をさせるのかを定義するために設定ファイルを用意する必要があります。

　今回はテンプレートファイルをもとに Prometheus 設定ファイルをターゲットノード上に配置します。このテンプレートファイルの配置には「ansible.builtin.template」モジュールを利用します。このモジュールにより、テンプレート内のプレースホルダーに対してホスト変数やロールで定義している変数の値を埋め込んだ上でファイルを配置できます。

　同様に、Systemd へのサービス登録においても、テンプレートファイルをもとにサービス定義ファイルをターゲットノード上に配置します。ここでは、事前に定義したロールの変数の値をテンプレートファイル内のプレースホルダーに埋め込んだ上でファイルを配置しています。

Code 4-14　Prometheus の設定作業タスク: ./sec4/roles/prometheus/tasks/configure.yml

```
 1: ---
 2: ## （1）Prometheus 設定ファイル配置
 3: - name: configure / Update prometheus.yml
 4:   ansible.builtin.template:
 5:     src: templates/prometheus.yml.j2
 6:     dest: /usr/local/src/prometheus-{{ prometheus_version }}.linux-amd64/prom⇒
 7: etheus.yml
 8:     owner: "{{ prometheus_os_user }}"
 9:     group: "{{ prometheus_os_group }}"
10:     mode: '0755'
11:
12: ## （2）Prometheus サービス定義ファイル作成
13: - name: configure / Update prometheus.service
14:   ansible.builtin.template:
15:     src: templates/prometheus.service.j2
16:     dest: /etc/systemd/system/prometheus.service
17:     owner: "{{ prometheus_os_user }}"
18:     group: "{{ prometheus_os_group }}"
19:     mode: '0755'
20:
21: ## （3）Prometheus サービス登録
22: - name: configure / Reload and Enable prometheus service
23:   ansible.builtin.systemd:
24:     name: prometheus
25:     state: started
26:     enabled: true
27:     daemon_reload: true
```

（1）Prometheus 設定ファイル配置

ansible.builtin.template モジュールにより、テンプレートファイル「templates/prometheus.yml.j2」の内容を変換してからターゲットノード上に配置します。

- src アーギュメントにより、コントロールノード上のテンプレートファイルを指定
- dest アーギュメントにより、ターゲットノード上での配置先を指定
- 配置ファイルの所有者名は、vars/main.yml で定義した prometheus_os_user 変数の値（prometheus）を参照
- 配置ファイルの所属グループ名は、vars/main.yml で定義した prometheus_os_group 変数の値（prometheus）を参照
- mode アーギュメントにより、配置ファイルのパーミッション（0755）を指定

テンプレートファイル「templates/prometheus.yml.j2」ではプレースホルダー「{{ prometheus_port }}」を利用し、ファイル配置時に vars/main.yml で定義した prometheus_port 変数の値（9090）を動的に埋め込みます。同様に「{{ nodeexporter_port }}」のプレースホルダーには、nodeexporter_port 変数の値（9100）を動的に埋め込みます。

以下の2つのプレースホルダーへは、vars/main.yml で定義した変数の値ではなく、インベントリファイルで定義したホスト変数「ansible_host」の値を埋め込みます。インベントリファイル内で定義したホスト名がそれぞれ指定されていますので、それぞれ該当するホスト名の IP アドレスがプレースホルダーには埋め込まれる点に注目しましょう。

```
{{ hostvars['prometheus_server'].ansible_host }}
{{ hostvars['nodeexporter_server'].ansible_host }}
```

Code 4-15　Prometheus 設定ファイル: ./sec4/roles/prometheus/templates/prometheus.yml.j2

```
1: # my global config
2: global:
3:   scrape_interval:     15s # Set the scrape interval to every 15 seconds. Def⇒
4: ault is every 1 minute.
5:   evaluation_interval: 15s # Evaluate rules every 15 seconds. The default is ⇒
6: every 1 minute.
7:   # scrape_timeout is set to the global default (10s).
8:
9: # Alertmanager configuration
```

```
10: alerting:
11:   alertmanagers:
12:   - static_configs:
13:     - targets:
14:         # - alertmanager:9093
15:
16: # Load rules once and periodically evaluate them according to the global 'eva⇒
17: luation_interval'.
18: rule_files:
19:   # - "first_rules.yml"
20:   # - "second_rules.yml"
21:
22: # A scrape configuration containing exactly one endpoint to scrape:
23: scrape_configs:
24:   - job_name: prometheus
25:     static_configs:
26:     - targets:
27:       - {{ hostvars['prometheus_server'].ansible_host }}:{{ prometheus_port }}
28:
29:   - job_name: node_exporter
30:     static_configs:
31:     - targets:
32:       - {{ hostvars['nodeexporter_server'].ansible_host }}:{{ nodeexporter_po⇒
33: rt }}
```

（2）Prometheus サービス定義ファイル配置

　`ansible.builtin.template` モジュールにより、テンプレートファイル「`templates/prometheus.service.j2`」の内容を変換してからターゲットノード上に配置します。

- `src` アーギュメントにより、コントロールノード上のテンプレートファイルを指定
- `dest` アーギュメントにより、ターゲットノード上での配置先を指定
- 配置ファイルの所有者名は、`vars/main.yml` で定義した `prometheus_os_user` 変数の値（prometheus）を参照
- 配置ファイルの所属グループ名は、`vars/main.yml` で定義した `prometheus_os_group` 変数の値（prometheus）を参照
- `mode` アーギュメントにより、配置ファイルのパーミッション（0755）を指定

　テンプレートファイル「`templates/prometheus.service.j2`」ではプレースホルダー「`{{ prometheus_os_user }}`」を利用し、ファイル配置時に `vars/main.yml` で定義した `prometheus_os_user` 変数の値（prometheus）を動的に埋め込みます。同様に「`{{ prometheus_version }}`」

のプレースホルダーには、`prometheus_version`変数の値（2.42.0）を動的に埋め込みます。

Code 4-16　Prometheus サービス設定ファイル: ./sec4/roles/prometheus/templates/prometheus.service.j2

```
 1: [Unit]
 2: Description=Prometheus - Monitoring system and time series database
 3: Documentation=https://prometheus.io/docs/introduction/overview/
 4:
 5: [Service]
 6: Restart=always
 7: User={{ prometheus_os_user }}
 8: Type=simple
 9: ExecStart=/usr/local/src/prometheus-{{ prometheus_version }}.linux-amd64/prom⇒
10: etheus \
11: --config.file=/usr/local/src/prometheus-{{ prometheus_version }}.linux-amd64/⇒
12: prometheus.yml \
13: --storage.tsdb.path=/var/lib/prometheus/data
14: ExecReload=/bin/kill -HUP $MAINPID
15: TimeoutStopSec=20s
16: SendSIGKILL=no
17:
18: [Install]
19: WantedBy=multi-user.target
```

（3）Prometheus サービス登録

「`ansible.builtin.systemd`」モジュールを用いて Systemd を操作しています。Prometheus サービスが Systemd に登録され、起動されます。

- 「`daemon_reload: true`」の指定により、新しく配置された定義ファイルが Systemd に読み込まれる
- 「`state: started`」の指定により、サービスが起動状態となる
- 「`enabled: true`」の指定により、サービスが有効化される（再起動時も自動起動）

4-4-4　タスクの実行

prometheus ロールのタスクを実行することで、ターゲットノード上で Prometheus を実行し、Node Exporter からのメトリクス取得を開始できます。`monitoring_system_deploy.yml` のプレイブックでは、common ロールや nodeexporter ロールと同様に、タグを指定することで prometheus ロールのタスクだけを個別に実行可能です。または、「`-l`（`--limit`）」オプションによりプレイブッ

ク実行ターゲットを指定したノード/グループだけに制限することも可能です。このタスクでも管理者権限での実行が指定されている（become: true）ため、必要であれば「-K」オプションを指定して ansible-playboook コマンドを実行します。

◎ Prometheus デプロイメントの実行

```
$ cd PATH_TO/effective_ansible/sec4/
$ ansible-playbook -i ./inventory.ini ./monitoring_system_deploy.yml \
  -l prometheus -t prometheus -K
```

4-4-5　接続確認

Prometheus のデプロイが完了したら、接続の確認をします。Prometheus が Listen している 9090 ポートに接続し、メトリクスを参照できるか確認しましょう。

Web ブラウザを開き、以下の URL にアクセスしてみてください。

```
http://10.1.1.211:9090/
```

接続が成功すると Prometheus の Web UI 画面が表示されるので、上部メニューの「Status」から「Targets」を選択します。Prometheus と Node Exporter の Endpoint 情報がそれぞれ表示され、かつ State が「UP」となっていることを確認してください（Figure 4-4）。

Figure 4-4　Prometheus の Targets 情報画面

Prometheus および Node Exporter の State が共に「UP」であれば、正常にサービスが起動できていると判断できます。

4-5　　Grafana の基本構成

　Node Exporter と Prometheus のデプロイが完了しましたので、監視対象ノードのメトリクス収集とクエリ実行による情報の抽出ができるようになりました。しかし、日々の運用の中で利用していく監視システムとしては、都度クエリを実行するのは効率が悪く実用性に欠けます。

　そこで今回は Grafana をデプロイし、メトリクスの可視化を実現します。Grafana ダッシュボードを構成することで、都度クエリを発行せずとも、日々の運用の中で確認したい情報を簡単に分かりやすく確認することができます。

4-5-1　　grafana ロールのディレクトリ構成

　grafana ロールでも、prometheus ロールや nodeexporter ロールと同様に、タスクを処理カテゴリごとに分割し、別のファイルで定義しています。main.yml でそれぞれの定義ファイルを読み込む順番を定義している点も同様です。Grafana のインストールを行い、Prometheus が収集したメトリクスを可視化するダッシュボードを構成していきます。

　ディレクトリ構成は、tasks、templates、vars の 3 つのディレクトリを利用します。

◎　grafana ロールのディレクトリ構造

```
./sec4/roles/grafana
├──tasks
│ ├──check_install.yml      ## Grafana インストール前の準備作業タスクを定義
│ ├──configure.yml          ## Grafana 設定作業タスクを定義
│ ├──install.yml            ## Grafana インストール作業タスクを定義
│ └──main.yml               ## 各タスクを順番に呼び出す定義
├──templates
│ └──grafana_dashboard.json.j2   ## Grafana ダッシュボード生成テンプレートファイル
└──vars
   └──main.yml              ## Grafana の変数定義
```

4-5-2　grafana ロールの変数

　grafana ロールの変数定義ではインストールする Grafana のバージョンや、使用するポート、実行ユーザーなどを変数として定義しています。

　ただし、grafana ロールでは、ダッシュボードへ初回ログインするための初期ユーザーも変数で指定します。今回は分かりやすさを優先するために、変数定義ファイル内にパスワードも平文で記載していますが、本来は安全性を考慮して変数定義ファイルを暗号化したり、変数の値をコマンドラインで対話式に入力させたりすることを検討するべきでしょう。ちなみに、この初期パスワードは Grafana デプロイ後にダッシュボードへログインして変更が可能です。

Code 4-17　grafana ロールの変数定義：./sec4/roles/grafana/vars/main.yml

```
1: ---
2: grafana_version: 9.4.3
3: grafana_port: 3000
4: grafana_user: admin
5: grafana_password: admin
6:
7: prometheus_port: 9090
8: nodeexporter_port: 9100
```

　grafana ロールで使用する変数の説明は Table 4-6 のとおりです。

Table 4-6　grafana ロールの変数一覧

変数名	変数の説明
grafana_version	Grafana のバージョン
grafana_port	Grafana のポート番号
grafana_user	Grafana のユーザー名
grafana_password	Grafana のパスワード
prometheus_port	Prometheus のポート番号
nodeexporter_port	Node Exporter のポート番号

4-5-3　タスクの詳細

grafana ロールでは、事前準備作業、インストール作業、設定作業のカテゴリごとにタスク定義ファイルを分割し、これらを記載順に動的に呼び出します。

Code 4-18　grafana ロールのタスク処理の流れ：./sec4/roles/grafana/tasks/main.yml

```
1: ---
2: - ansible.builtin.include_tasks: roles/grafana/tasks/check_install.yml
3: - ansible.builtin.include_tasks: roles/grafana/tasks/install.yml
4: - ansible.builtin.include_tasks: roles/grafana/tasks/configure.yml
```

grafana ロールのタスクおよび利用モジュールの説明は、Table 4-7 のとおりです。

Table 4-7　grafana ロールのタスクおよび利用モジュール一覧

タスクカテゴリ	具体的なタスク内容	利用モジュール名
インストール前の準備作業 (check_install.yml)	(1) firewalld のポート許可	ansible.posix.firewalld
インストール作業 (install.yml)	(1) Grafana インストール	ansible.builtin.dnf
設定作業 (configure.yml)	(1) Grafana サービス設定	ansible.builtin.systemd

■ Grafana インストール前の準備作業タスク

tasks/check_install.yml では、Grafana インストール前に行う準備作業タスクを定義しています。ここでは、firewalld のポート開放を事前準備作業として処理します。このタスクでは、vars/main.yml で定義した変数の値を参照しています。

Code 4-19　Grafana インストール前の準備作業タスク：./sec4/roles/grafana/tasks/check_install.yml

```
1: ---
2: ## (1) firewalld のポート許可
3: - name: configure / Add Grafana port
4:   ansible.posix.firewalld:
5:     port: "{{ grafana_port }}/tcp"
6:     permanent: true
7:     state: enabled
8:     immediate: true
```

（1）firewalld のポート許可

Rocky Linux では firewalld がデフォルトで有効となっているため、Grafana の通信ポートを許可
します。

- 許可するポート番号は、vars/main.yml で定義した grafana_port 変数の値（3000）を参照
- 「permanent: true」により設定が永続化され、ノード再起動後も通信が許可される
- 「immediate: true」により設定が即座に反映される

■ Grafana インストール作業タスク

事前準備作業のタスクが完了すると、次に tasks/install.yml で定義されたインストールタス
クが実行されます。Grafana は公式サイトにおいて DNF パッケージの形式で配布されるため、こ
こでは、これをダウンロードおよびインストールします。

DNF パッケージを管理できる「ansible.builtin.dnf」モジュールでは、name アーギュメン
トに URL を指定することで、直接 DNF パッケージをインストールできます。Node Exporter や
Prometheus のように、いったんファイルをダウンロードしてきて展開する必要はありません。

Code 4-20　Grafana のインストール作業タスク: ./sec4/roles/grafana/tasks/install.yml

```
1: ---
2: ## （1）Grafana インストール
3: - name: download / Download Grafana file
4:   ansible.builtin.dnf:
5:     name: https://dl.grafana.com/enterprise/release/grafana-enterprise-{{ g⇒
6: rafana_version }}-1.x86_64.rpm
7:     state: present
8:     disable_gpg_check: true
```

（1）Grafana インストール

公式サイトで配布されている Grafana の DNF パッケージのダウンロードとインストールを行い
ます。

- Grafana のバージョンは、vars/main.yml で定義した grafana_version 変数の値（9.4.3）を
  参照
- name アーギュメントにより、インストールする DNF パッケージの URL を直接指定
- 「disable_gpg_check: true」の指定により、インストール時の GPG 署名チェックを無効化

■ Grafana 設定作業タスク

インストールのタスクが完了すると、次に `tasks/configure.yml` で定義された設定作業タスクが実行されます。Node Exporter や Prometheus と違い、Grafana は DNF パッケージからインストールしています。Systemd へ登録するためのサービス定義ファイルを個別に配置する必要はなく、直接 Systemd に対してサービスの有効化や起動を指示します。また、「4-1　基本構成」の節で追加インストールした「`community.grafana`」コレクションに含まれるモジュールを使い、Grafana に必要な設定をしていきます。

Grafana では、可視化するメトリクスの提供元をデータソースと呼びます。今回利用している Prometheus も公式サポートされるデータソースの一つで、特別なプラグインなどを導入することなく利用できます。ここでは、すでにデプロイが完了している Prometheus の URL とポート番号をデータソースとして定義し、Grafana から参照することで可視化します。

データソースから取得したメトリクスは、可視化の際に通常はダッシュボードとして構成していきます。このダッシュボードの中に描写されるグラフなどのパネルを自由に配置していくことが可能です。一からダッシュボードを構成することも可能ですが、コミュニティで提供されているダッシュボードを利用するほうが便利です。

ここでは、あらかじめ今回の環境に適したダッシュボード定義テンプレートファイル「`templates/grafana_dashboard.json.j2`」を用意してあります。ここに、Prometheus の IP アドレスやポート番号をプレースホルダーに埋め込みながら、ファイルをターゲットノードに配置していきます。最終的に「`community.grafana.grafana_dashboard`」モジュールがこの定義ファイルを読み取り、ダッシュボードを作成します。

Code 4-21　Grafana の設定作業タスク: ./sec4/roles/grafana/tasks/configure.yml

```
 1: ---
 2: ##  (1) Grafana サービス登録
 3: - name: configure / Reload and Enable Grafana service
 4:   ansible.builtin.systemd:
 5:     name: grafana-server
 6:     state: started
 7:     enabled: true
 8:     daemon_reload: true
 9:
10: ##  (2) Grafana データソース作成
11: - name: configure / Create Prometheus Data Source
12:   community.grafana.grafana_datasource:
13:     name: Prometheus
```

```
14:     grafana_url: "http://{{ hostvars['grafana_server'].ansible_host }}:{{ gra⇒
15: fana_port }}"
16:     grafana_user: "{{ grafana_user }}"
17:     grafana_password: "{{ grafana_password }}"
18:     ds_type: prometheus
19:     ds_url: "http://{{ hostvars['prometheus_server'].ansible_host }}:{{ prome⇒
20: theus_port }}"
21:   register: register_datasource
22:
23: ## （3）Grafana ダッシュボード定義ファイル配置
24: - name: configure / Create Grafana Data Source
25:   ansible.builtin.template:
26:     src: templates/grafana_dashboard.json.j2
27:     dest: grafana_dashboard.json
28:   vars:
29:     datasource_uid: "{{ register_datasource.datasource.uid }}"
30:
31: ## （4）Grafana ダッシュボード作成
32: - name: configure / Create Grafana dashboard
33:   community.grafana.grafana_dashboard:
34:     grafana_url: "http://{{ hostvars['grafana_server'].ansible_host }}:{{ gra⇒
35: fana_port }}"
36:     grafana_user: "{{ grafana_user }}"
37:     grafana_password: "{{ grafana_password }}"
38:     state: present
39:     overwrite: true
40:     path: grafana_dashboard.json
```

（1）Grafana サービス登録

「ansible.builtin.systemd」モジュールを用いて Systemd を操作しています。Grafana サービスが Systemd に登録され、起動されます。

- 「daemon_reload: true」の指定により、新しく配置された定義ファイルが Systemd に読み込まれる
- 「state: started」の指定により、サービスが起動状態となる
- 「enabled: true」の指定により、サービスが有効化される（再起動時も自動起動）

（2）Grafana データソース作成

「community.grafana.grafana_datasource」モジュールを用いて Grafana のデータソースを作成します。grafana_url、grafana_user、grafana_password の 3 つのアーギュメントで Grafana への接続情報を定義しています。また、ds_type と ds_url の 2 つのアーギュメントでデータソースの種類

と接続の URL を定義しています。ここでは vars/main.yml で定義した変数の値と、インベントリファイルで定義したホスト変数の値をそれぞれ参照します。

- 「{{ hostvars['grafana_server'].ansible_host }}」へは、インベントリファイルの grafana_server の IP アドレスを示すホスト変数「ansible_host」を参照
- 「{{ grafana_port }}」へは、vars/main.yml で定義した grafana_port 変数の値（3000）を参照
- Grafana のユーザー名は、vars/main.yml で定義した grafana_user 変数の値（admin）を参照
- Grafana のパスワードは、vars/main.yml で定義した grafana_password 変数の値（admin）を参照
- 「{{ hostvars['prometheus_server'].ansible_host }}」へは、インベントリファイルの prometheus_server の IP アドレスを示すホスト変数「ansible_host」を参照
- 「{{ prometheus_port }}」へは、vars/main.yml で定義した prometheus_port 変数の値（9090）を参照

　最後の「register」アーギュメントにより、このタスク実行の結果（Grafana データソース作成結果）をレジスタ変数「register_datasource」に格納しています。この変数へはデータソース作成に関する複数の情報が格納されますが、データソース作成時に一意の ID として設定される「データソース UID 情報」も含まれます。この UID 情報はこの次の Grafana ダッシュボード定義ファイル配置タスクで使用します。

（3）Grafana ダッシュボード定義ファイル配置
　ansible.builtin.template モジュールにより、テンプレートファイル「templates/grafana_dashboard.json.j2」の内容を変換してからターゲットノード上に配置します。このテンプレートファイル内のプレースホルダー「{{ datasource_uid }}」で参照しているタスク変数「datasource_uid」は、データソース作成のタスクでレジスタ変数として定義した「register_datasource」からデータソース UID を呼び出して参照しています。変数定義において別の変数の値を参照していますので、混乱しないように注意してください。

- src アーギュメントにより、コントロールノード上のテンプレートファイルを指定
- dest アーギュメントにより、ターゲットノード上での配置先を指定
- タスク変数として「datasource_uid」を定義し、値はデータソース作成タスクで定義したレジスタ変数を参照

　タスクを跨いでデータソース UID 情報を変数で受け渡しているため、実際の値の内容を意識することなくダッシュボードでのデータソース利用が可能となっている点に注目してください。このようにしておくことで、仮にデータソースを作り直して UID が変更されたとしても、ファイル編集をすることなくダッシュボードの定義をやり直すことができます。また、固有値を埋め込まないのでタスクの再利用性が向上します。

　ここで定義したタスク変数は、テンプレートファイルの中で参照されます。他にも、次の変数をそれぞれ参照し、プレースホルダーへ埋め込んだ上で、ターゲットノード上にファイルを配置している点に注目しましょう。

- 「{{ hostvars['nodeexporter_server'].ansible_host }}」へは、インベントリファイルの nodeexporter_server の IP アドレスを示すホスト変数「ansible_host」を参照
- 「{{ nodeexporter_port }}」へは、vars/main.yml で定義した nodeexporter_port 変数の値（9100）を参照
- 作成したデータソースの UID 情報は、タスク変数として定義している「datasource_uid」の値を参照
- タスク変数「datasource_uid」の値は、データソース作成タスクで作成したレジスタ変数「register_datasource」の中のデータソース UID 情報を参照

Code 4-22　Grafana ダッシュボード定義テンプレートファイル（抜粋）：
　　　　　　./sec4/roles/grafana/templates/grafana_dashboard.json.j2

```
 1: ...
 2:   "panels": [
 3:     {
 4:       "datasource": {
 5:         "type": "prometheus",
 6:         "uid": "{{ datasource_uid }}"
 7:       },
 8: ...
 9:       "targets": [
10:         {
11:           "datasource": {
12:             "type": "prometheus",
13:             "uid": "{{ datasource_uid }}"
14:           },
15:           "editorMode": "builder",
```

```
16:          "expr": "node_memory_Percpu_bytes{instance=\"{{ hostvars['nodeexpor⇒
17: ter_server'].ansible_host }}:{{ nodeexporter_port }}\"}",
18:          "legendFormat": "__auto",
19:          "range": true,
20:          "refId": "A"
21:        }
22:      ],
23:      "title": "node_memory_Percpu_bytes",
24:      "type": "timeseries"
25:    },
26:    {
27:      "datasource": {
28:        "type": "prometheus",
29:        "uid": "{{ datasource_uid }}"
30:      },
31: ...
32:      "targets": [
33:        {
34:          "datasource": {
35:            "type": "prometheus",
36:            "uid": "{{ datasource_uid }}"
37:          },
38:          "editorMode": "builder",
39:          "expr": "node_cpu_seconds_total{instance=\"{{ hostvars['nodeexporte⇒
40: r_server'].ansible_host }}:{{ nodeexporter_port }}\"}",
41:          "legendFormat": "__auto",
42:          "range": true,
43:          "refId": "A"
44:        }
45:      ],
46:      "title": "node_cpu_seconds_total",
47:      "type": "timeseries"
48:    }
49:  ],
50:  "schemaVersion": 37,
51:  "style": "dark",
52:  "tags": [],
53:  "templating": {
54:    "list": []
55:  },
56:  "time": {
57:    "from": "now-6h",
58:    "to": "now"
59:  },
60:  "timepicker": {},
```

209

```
61:   "timezone": "",
62:   "title": "Prometheus",
63:   "uid": "PyWFYKS4k",
64:   "version": 4,
65:   "weekStart": ""
66: }
```

（4）Grafana ダッシュボード作成

　「community.grafana.grafana_dashboard」モジュールを用いて、配置したダッシュボード定義ファイルの内容で Grafana のダッシュボードを作成します。grafana_url、grafana_user、grafana_password の 3 つのアーギュメントで Grafana への接続情報を定義しています。また、path アーギュメントでターゲットノード上には位置したダッシュボード定義ファイルの PATH を指定しています。ここでは vars/main.yml で定義した変数の値と、インベントリファイルで定義したホスト変数の値をそれぞれ参照します。

- 「{{ hostvars['grafana_server'].ansible_host }}」へは、インベントリファイルの grafana_server の IP アドレスを示すホスト変数「ansible_host」を参照
- 「{{ grafana_port }}」へは、vars/main.yml で定義した grafana_port 変数の値（3000）を参照
- Grafana のユーザー名は、vars/main.yml で定義した grafana_user 変数の値（admin）を参照
- Grafana のパスワードは、vars/main.yml で定義した grafana_password 変数の値（admin）を参照
- 「overwrite: true」の指定により、既存のダッシュボードが存在しても上書きするように指定
- path アーギュメントにより、ターゲットノード上でのダッシュボード定義ファイル配置先を指定

4-5-4　タスクの実行

　grafana ロールのタスクを実行することで、ターゲットノード上で Grafana を実行し、ダッシュボードで可視化されたメトリクスを確認できるようになります。monitoring_system_deploy.yml のプレイブックでは、これまでのロールと同様に、タグを指定することで grafana ロールのタスクだけを個別に実行可能です。または、「-l（--limit）」オプションによりプレイブック実行

ターゲットを指定したノード/グループだけに制限することも可能です。このタスクでも管理者権限での実行が指定されている（`become: true`）ため、必要であれば「-K」オプションを指定して `ansible-playboook` コマンドを実行します。

◎　Grafana デプロイメントの実行

```
$ cd PATH_TO/effective_ansible/sec4/
$ ansible-playbook -i ./inventory.ini ./monitoring_system_deploy.yml \
  -l grafana -t grafana -K
```

また、監視システムのデプロイメントとしては、今回の Grafana のデプロイが最後です。そのため、grafana ロールのタスクだけを実行するのではなく、すべてのロールタスクを実行しても結果は変わりません。冪等性を持たない一部のモジュールを利用していなければ、Ansible では何度同じプレイブックを実行しても、ターゲットノードは定義した状態のままとなり不要な処理が行われません。

◎　監視システムデプロイメントの実行

```
$ cd PATH_TO/effective_ansible/sec4/
$ ansible-playbook -i ./inventory.ini ./monitoring_system_deploy.yml -K
```

4-5-5　接続確認

Grafana のデプロイが完了したら、接続の確認をします。Grafana が Listen している 3000 ポートに接続し、ダッシュボードを利用できるか確認しましょう。

Web ブラウザを開き、以下の URL にアクセスしてみてください。

```
http://10.1.1.212:3000/
```

接続が成功すると Grafana のログイン画面が表示されます（Figure 4-5）

ユーザー名とパスワードは、`vars/main.yml` で定義した初期ユーザー名（admin）および初期パスワード（admin）を入力し初回ログインを実行します。

初回ログイン時はまず初期パスワードの変更が求められますが、今回は左下の「Skip」を選択して構いません（Figure 4-6）。

Figure 4-5　Grafana のログイン画面

Figure 4-6　Grafana の初期パスワードの変更画面

　続いて Grafana のホーム画面左側のメニューから「Dashboard」を選択してください（Figure 4-7）。

Figure 4-7　Grafana のホーム画面

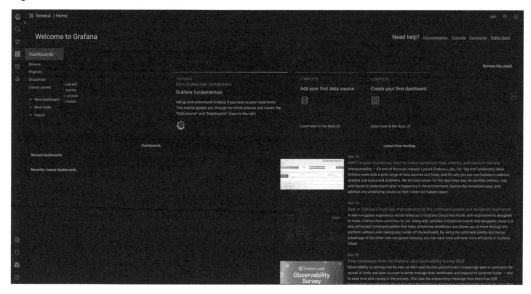

　ダッシュボードの一覧から作成した Prometheus のダッシュボードを確認します。「General」を
クリックし「Prometheus」を選択して Prometheus のダッシュボードを表示します（Figure 4-8）。

Figure 4-8　Grafana のダッシュボード一覧

　Prometheus ダッシュボードでは、Node Exporter で収集したメトリクスの可視化（グラフ化）を
確認できます（Figure 4-9）。メトリクスからグラフが作成されていれば、正常にサービスが起動
され、監視システムが稼働できていると判断します。

Figure 4-9 Prometheus ダッシュボード

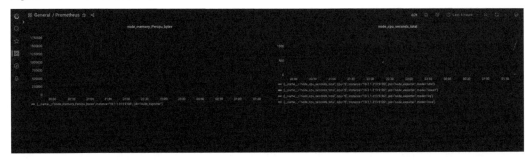

4-6　まとめ

　本章では、Ansible を使った実践的なアプリケーションデプロイメントの自動化の例として、Prometheus、Node Exporter、Grafana を利用した監視システムを構築しました。複数のロールを利用しての少し複雑なプレイブックとなりましたが、しっかりと Ansible の理解も深まったのではないでしょうか。

　しかし、今回は Prometheus の Alertmanager をデプロイしていなかったり、監視対象のノードも 1 台だけであったり、各コンポーネントの冗長を考慮していなかったりと、実用においてはまだまだ改良の余地があります。

　実は Prometheus の公式サイトでもインストール方法の一つとして Ansible ロールを用いたデプロイが案内されています[7]。Prometheus のロール[8]だけではなく、Grafana についてもより高度なデプロイメントができるロール[9]が公開されています。

　これら各プロジェクトで公開されているロールの全体像を把握するには、Ansible に十分精通している必要があるため、本書では大幅に簡易化した形で紹介しました。本章の学習を完了し、次のステップへ挑戦する際は、是非これらのロールがどのような構成を持っているかを確認してみてください。

　また、慣れてきたら監視システム以外のさまざまなアプリケーションデプロイメントの自動化

＊7　Prometheus INSTALLATION – Using configuration management systems
https://prometheus.io/docs/prometheus/latest/installation/#ansible

＊8　Cloud Alchemy ansible-prometheus Role
https://github.com/cloudalchemy/ansible-prometheus
ただし、現在はこのロールは廃止となっている。代わりに Prometheus コミュニティでロールがメンテナンスされている。
https://github.com/prometheus-community/ansible

＊9　Cloud Alchemy ansible-grafana role
https://github.com/cloudalchemy/ansible-grafana

にも挑戦してみましょう。

　どのようなデプロイメントにおいても、既存のスクリプトや手順書をそのまま Ansible に持ってきて実行しようとしては、Ansible の良さが活かされずに、扱いづらいツールとなってしまいます。行き当たりばったりな作業での自動化は、移行コストばかりかかってしまいます。

　環境に適した手順全体を事前にしっかりと洗い出しておくことが重要です。見通しの良い自動化計画を立てた上でプレイブックを作成することで、より汎用性の高いプレイブックデザインが可能となります。また、いきなり複雑なプレイブックを書き上げるのではなく、小さなテスト実行を繰り返しながら拡張性や機能性を高めていくことをお勧めします。

　本章の内容が、皆さんの自動化挑戦への一助となることを願っています。

Column　　Ansible で安全に機密情報を扱う

　Ansible を活用して OS の設定やソフトウェアのデプロイを実行していると、どうしてもパスワードを設定したり入力したりする必要に迫られることがあります。

　しかし、ここで安易にプレイブックやインベントリファイルなどで変数の値を平文で書き込んでしまうのは、安全の面から考えても避けるべきでしょう。特に Ansible の場合は、プレイブックやロールをリポジトリで管理して、社内などで共有して再利用するケースが少なくありません。平文でパスワードを埋め込むのは流出や漏洩の危険性も高まってしまいます。

　パスワードのような機密情報を扱う場合の Tips は、Ansible の公式ドキュメントでも言及されています[*10]が、ここではそれを踏まえた上で Ansible で安全に機密情報を扱う方法を考えてみます。

■ 変数定義ファイルを暗号化する

　パスワードなどの機密情報を変数の値として扱いたい場合に、平文のまま vars/main.yml などに記載するのは安全面から考えても避けるべきです。Ansible には機密情報を含むファイルを暗号化する仕組みである「Ansible Vault[*11]」が用意されていますので、必ず機密情報を含むファイルは暗号化した上でリポジトリなどに保存するように心掛けましょう。

　ここでファイル全体を暗号化すると、当然ですが復号しないと内容の読み取りができなくなります。grep コマンドなどを利用した検索がしづらくなりますので、その場合は機密情報を値として利用する変数だけを別の変数定義ファイルに分けるか、変数の値部分だけを暗号化するなどの工夫をしてみましょう。Ansible Vault では、ファイル全体の暗号化の他、変数の値のみを暗号化したり、Vault ID での複数の暗号化／復号パスワードを用いた高度な機密情報管理などが可能です。

　Ansible Vault については「5-5 暗号化」にて紹介していますので、詳しい使い方などはそちらをご参照ください。

■ ファイルに機密情報を記載しない

　そもそも機密情報自体をファイルに含めない、つまりリポジトリに機密情報を保持させないことも、セキュリティ対策としては一定の効果が期待できます。しかし、その場合はコマンドラインの中でオプションを指定したり、対話式にパスワードを入力したりなど、人間の手が介在する可能性が高くなります。

　結果として、自動化のレベルが下がってしまい Ansible の良さが損なわれてしまうかもしれません。そのため、利用の際には十分に安全性と利便性のバランスについて検討したほうがよいでしょう。

　ansible-playbook コマンド実行時に「--extra-vars（-e）」オプションを利用することで、コマンドラインで直接変数を定義できます[*12]。

◎ コマンドラインで変数を直接定義して実行

```
$ ansible-playbook sample.yml --extra-vars '{"db_password":"P@ssw0rd"}'
```

　コマンドラインで直接変数定義をする場合、シェルのコマンド実行履歴に残ったり、背面から肩越しにパスワードを盗み見られてしまうなどの懸念があります。その場合は、変数と値を指定するのではなく、YAML や JSON ファイルで変数を定義しておいて、コマンド実行時に読み込むとよいでしょう。当然ですが、この外部変数定義ファイルは共有リポジトリなどに含めないように注意しましょう。

◎ コマンドラインで外部変数定義ファイルを読み込んで実行

```
$ ansible-playbook sample.yml --extra-vars "@db_password.yaml"
```

■ 実行ログの出力を抑制する
　機密情報を扱う上でもう一つ注意しなければならないのが Ansible の実行ログ出力です。いくら Ansible Vault で暗号化しても実行時には復号されており、詳細なログ出力をさせると値が平文で取り出せてしまいます。
　このことを防ぐためのディレクティブとして「no_log」が用意されています。このディレクティブにより実行ログ出力の抑制が可能です。
　「no_log」ディレクティブの使い方についても「5-5 暗号化」にて紹介していますので、使い方はそちらを参照してください。

■ 外部の機密情報ストアを利用する
　最後に機密情報を Ansible の内部やプレイブックなどに保持するのではなく、完全に外部の別の仕組みで保管し、Ansible からは参照のみを行う方法について紹介します。
　機密情報をより厳格に管理していきたい場合は、機密情報を格納するサービスや製品を使うことで安全性や利便性を高められます。たとえば、AWS 環境であれば、AWS SystemManager や AWS SecretManager を利用することで、環境のさまざまな情報を取得したり、安全に機密情報を管理できます。
　パブリッククラウドサービスを利用する場合は、それぞれのクラウドプロバイダーが提供するサービスを利用するのがよいと思われますが、オンプレミス環境やハイブリッドクラウド構成で Ansible を実行するケースでは、各パブリッククラウド固有のサービスを利用すると構成の難易度が高くなってしまうかもしれません。
　こうした各環境での固有サービスではなく、どのような環境でも汎用的に利用するとしたら、「HashiCorp Vault（以下、Vault）」がお勧めです。Vault は機密情報を安全に保管し、厳格なアイデンティティ管理のもとで、UI や CLI、HTTP API などの幅広い方法で情報の利用を可能としてくれるオープンソースなソリューションです。各クラウド環境での利用はもちろん、

Kubernetes や今回の Ansible など、広範囲にわたって利用されています。名前がこちらも Vault なので紛らわしいですが、先に紹介した Ansible Vault とは直接的な関係はありません。

　環境の中に Vault サーバーを構築する必要はありますが、準備さえできてしまえば Ansible ではコミュニティ管理のコレクション/モジュール[*13]がすでに用意されているので、非常に簡単に Vault を活用できます。

　ここでは具体的な使い方までは紹介しませんが、本書の筆者のブログ[*14]にて Ansible で Vault を利用する具体的な方法を紹介していますので、参考にしてみてください。

＊ 10　Keep vaulted variables safely visible
　　　https://docs.ansible.com/ansible/latest/tips_tricks/ansible_tips_tricks.html#keep-vaulted
　　　-variables-safely-visible

＊ 11　Protecting sensitive data with Ansible vault
　　　https://docs.ansible.com/ansible/latest/vault_guide/

＊ 12　Defining variables at runtime
　　　https://docs.ansible.com/ansible/latest/playbook_guide/playbooks_variables.html#defining
　　　-variables-at-runtime

＊ 13　Community.Hashi_Vault
　　　https://docs.ansible.com/ansible/latest/collections/community/hashi_vault/

＊ 14　HashiCorp Vault によるシークレットの登録と確認を気軽に試してみた
　　　https://tekunabe.hatenablog.jp/entry/2022/04/07/vault_intro
　　　[Ansible] Ansible から HashiCorp Vault のシークレットを取得する
　　　https://tekunabe.hatenablog.jp/entry/2022/04/08/ansible_retrieve_secrets_from_vault

Column　x86_64 / AMD64 以外の CPU アーキテクチャの利用

　本章では前提として x86_64 / amd64 の CPU アーキテクチャを持つノードに対してソフトウェアをデプロイしています。そのため、利用するパッケージはすべて x86_64 / amd64 用のファイルをダウンロードしています。

　当然ですが、x86_64 / amd64 以外の CPU アーキテクチャを持つマシンをターゲットノードとするのであれば、利用する環境に合わせたパッケージを選択しなければなりません。たとえば、Apple 社の M1/M2 プロセッサー（Apple Silicon）を利用している環境では CPU アーキテクチャは ARM 64bit の「arm64 / aarch64」を選択します。

　Prometheus と Node Exporter の場合は、ソフトウェアを提供している公式サイト（GitHub）で各 CPU アーキテクチャ向けのバイナリファイルが用意されています[15][16]。同様に Grafana の場合も、公式サイトにて各 CPU アーキテクチャ向けのダウンロードファイル URL が案内されています[17]。

　もし、お使いの環境の CPU アーキテクチャが分からない場合は、第3章で紹介した「ファクト変数」に「ansible_architecture」として情報が格納されているので、ここから情報を確認するとよいでしょう。

　たとえば、以下のプレイブックでは、各ノードの CPU アーキテクチャ情報を出力できます。

◎　CPU アーキテクチャを確認するプレイブック：./sec4/display_cpu_architecture.yml

```
---
- name: Display CPU architecture
  hosts: all
  tasks:
    - name: Display CPU Architecture type
      ansible.builtin.debug:
        msg:
          - "/// CPU Architecture ///"
          - "{{ inventory_hostname }}: {{ ansible_facts['architecture'] }}"
```

　筆者の環境の一つでは、Apple Silicon の M2 Pro プロセッサーを搭載したマシン上に仮想環境を構築して Rocky Linux 9.1 の仮想マシンを構築しています。CPU はエミュレートさせず、そのままホストの CPU アーキテクチャを仮想マシンに提供しているので、利用するパッケージも ARM 64bit の「arm64 / aarch64」を指定する必要があります。

　この環境で上記のプレイブックを作成し、ansible-playbook コマンドを実行すると、次のような結果が出力されます。

◎ CPU アーキテクチャを確認

```
$ cd PATH_TO/effective_ansible/sec4/
$ ansible-playbook -i inventory.ini display_cpu_architecture.yml

PLAY [Display CPU architecture] **************************************************

TASK [Gathering Facts] **********************************************************
ok: [grafana_server]
ok: [prometheus_server]
ok: [nodeexporter_server]

TASK [Display CPU Architecture type] ********************************************
ok: [prometheus_server] => {
    "msg": [
        "/// CPU Architecture ///",
        "prometheus_server: aarch64"
    ]
}
ok: [nodeexporter_server] => {
    "msg": [
        "/// CPU Architecture ///",
        "nodeexporter_server: aarch64"
    ]
}
ok: [grafana_server] => {
    "msg": [
        "/// CPU Architecture ///",
        "grafana_server: aarch64"
    ]
}

PLAY RECAP *********************************************************************
grafana_server             : ok=2    changed=0    unreachable=0    failed=0
skipped=0    rescued=0    ignored=0
nodeexporter_server        : ok=2    changed=0    unreachable=0    failed=0
skipped=0    rescued=0    ignored=0
prometheus_server          : ok=2    changed=0    unreachable=0    failed=0
skipped=0    rescued=0    ignored=0
```

結果から、この環境では次の URL を install.yml 内で指定する必要があることが分かります。

- Prometheus: https://github.com/prometheus/prometheus/releases/download/v
{{ prometheus_version }}/prometheus-{{ prometheus_version }}.linux-arm64.tar.gz
- Node Exporter: https://github.com/prometheus/node_exporter/releases/download/v{{ nodeexporter_version }}/node_exporter-{{ nodeexporter_version }}.linux-arm64.tar.gz
- Grafana: https://dl.grafana.com/enterprise/release/grafana-enterprise-{

```
{ grafana_version }}-1.aarch64.rpm
```

　今回紹介している各ロールのインストールタスク（install.yml）では分かりやすさを優先するために、インストールするパッケージファイルのダウンロード URL に含まれる CPU アーキテクチャは固定値として埋め込んでしまっています。

　第 3 章で紹介した「when」ディレクティブを利用すれば条件分岐もできますが、プレイブックの内容が複雑になってしまうため、複数の CPU アーキテクチャに対応したプレイブックとするかどうかは十分に検討したほうがよいでしょう。

＊ 15　Prometheus 2.42.0 Release の場合
　　　https://github.com/prometheus/prometheus/releases/tag/v2.42.0
＊ 16　Node Exporter 1.5.0 Release の場合
　　　https://github.com/prometheus/node_exporter/releases/tag/v1.5.0
＊ 17　Download Grafana
　　　https://grafana.com/grafana/download

221

第5章
Ansible の徹底活用

　Ansible による実践的な構築作業の自動化が行えるようになったところで、大規模なシステム環境について考えてみましょう。エンタープライズ向けのシステムで Ansible を利用するには、プレイブックの肥大化対策やトラブルシューティング、セキュリティ強化を行う必要があります。

　たとえば、開発環境では正常に動作していたコードであっても、いざ本番環境に持っていくと、ターゲットノードの台数が増えることによって、想定していたよりも実行時間が必要となり、失敗してしまうことがあります。また、それらをプレイブックの機能だけで対応しようとした結果、非効率なタスクの実装やプレイブックの複雑化を招いてしまいます。

　Ansible には、こうした課題に対応するための拡張機能やプラクティスがあります。システム環境や自動化の成熟度に合わせて、適切な利用方法を検討してみてください。

5-1　プレイブックのベストプラクティス

　Ansible は成熟したエンタープライズユースのツールであり、公式ドキュメントにはプレイブックを定義するためのベストプラクティスが紹介されています[*1]。

　ただし、自動化対象の実行範囲やプレイブックを共有するメンバのスキルレベルによって定義が異なるため、必ずしも正解があるものではありません。ベストプラクティスに従って正確に構築するよりも、利用するメンバ同士でそのプレイブックの規則をしっかりと共有し、定期的に規則に従っているかをレビューすることが重要です。また、ビジネスニーズに応じて必要とされるシステム環境も変化します。したがって、一度きりのレビューで塩漬け状態にするのではなく、利用する中で、日々その規則を改善することも求められます。

　ここからは、実際に自動化する規模に応じたプレイブックのディレクトリ構成を見ていきます。ここで考慮しなければいけないことは、肥大化していくファイルを再利用可能なユニットに分割することです。Ansible を実行する上で、効率化の対象となるファイルは「インベントリ」と「プレイブック」です。つまり、この 2 つのファイルをそれぞれの運用環境やプロダクト、プロセスによって適切な範囲で分割し、効率良く組み合わせることが、プレイブックのベストプラクティスにつながります。

5-1-1　インベントリの分割

　インベントリでは、データベースサーバーやアプリケーションサーバーなど、ターゲットノードの役割に応じてグループを分割します。しかし、実環境を想定した場合には、それ以外の要素においてもターゲットノードを識別しなければいけない機会があります。たとえば、以下のようなカテゴリです。

- 運用環境：「本番環境」や「ステージング環境」「開発環境」といったように、サービスレベルに応じて異なるセキュリティゾーンを設けたグループ
- ロケーション：「東京」「大阪」または「米国」「欧州」など、ターゲットノードの物理的なロケーションによって配置されるグループ
- サーバー種別：「Web サーバー」「アプリケーションサーバー」「データベースサーバー」など、ターゲットノードの役割ごとのグループ

＊ 1　General tips
https://docs.ansible.com/ansible/latest/tips_tricks/ansible_tips_tricks.html

この種別には、インストールするミドルウェアだけでなく、ネットワーク機器や、OS ディストリビューションの違いなどの概念も含みます（Figure 5-1）。

Figure 5-1　インベントリの分割

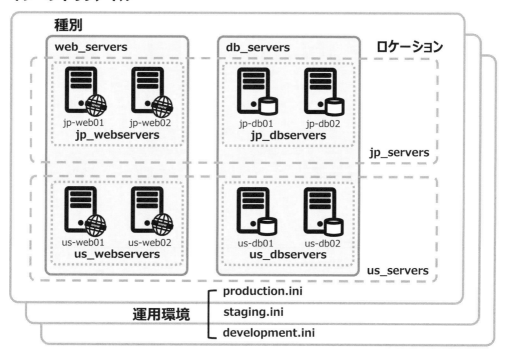

これらのカテゴリを、プレイブック内のロールやタスク条件を使用して、毎回識別するのは得策ではありません。実行時に読み込むインベントリを切り替え、各環境にプレイブックを実行することをお勧めします。

それでは、これらを想定したインベントリと変数のディレクトリ構造を見てみましょう。

■ 運用環境ごとのインベントリ

以下の例では、インベントリをそれぞれの「運用環境」（production/staging）に合わせて配置しています。この方式は、運用環境への依存性をなくし、同様の環境を複製して作ることを前提としたインベントリ構成です。インベントリを異なる運用環境に対して分けておくことで、実行時

のインベントリ指定を変更するだけで、同様のタスクを複数環境で切り替えて実行できます。

◎　運用環境ごとのインベントリ例

```
./sec5/
├── production.ini   ## 本番環境のサーバーインベントリ
├── staging.ini      ## ステージ環境のサーバーインベントリ
├── group_vars
│   ├── web_servers.yml   ## 環境共通のグループ変数
│   ├── jp_servers.yml    ## 環境共通のグループ変数
└── host_vars
    ├── jp-web01.yml   ## 環境共通のホスト変数
    └── jp-web02.yml   ## 環境共通のホスト変数
```

　またこの際、タスク内容を「**ロケーション**」や「**サーバー種別**」によっても振り分けられるようにグループを作成することがポイントです。たとえば、ロケーションが日本、Web サーバーの種別であるターゲットノードは、jp_webservers というロケーション名を含んだグループに所属させ、「web_servers」や「jp_servers」という上位グループで定義を行うと、環境内のグループに対してもタスクを切り分けることができます。

Code 5-1　環境のインベントリ例： ./sec5/production.ini

```
 1: ## Production Servers
 2: [jp_webservers]
 3: jp-web01 ansible_host=192.168.10.11
 4: jp-web02 ansible_host=192.168.10.12
 5:
 6: [jp_dbservers]
 7: jp-db01 ansible_host=192.168.11.11
 8: jp-db02 ansible_host=192.168.11.12
 9:
10: [us_webservers]
11: us-web01 ansible_host=192.168.110.11
12: us-web02 ansible_host=192.168.110.12
13:
14: [us_dbservers]
15: us-db01 ansible_host=192.168.111.11
16: us-db02 ansible_host=192.168.111.12
17:
18: [jp_servers:children]
19: jp_webservers
20: jp_dbservers
21:
```

```
22: [us_servers:children]
23: us_webservers
24: us_dbservers
25:
26: [web_servers:children]
27: jp_webservers
28: us_webservers
29:
30: [db_servers:children]
31: jp_dbservers
32: us_dbservers
```

　運用環境ごとにインベントリを作成した場合は、「ロケーション」や「サーバー種別」のカテゴリグループごとの設定は、インベントリの中で調整します。たとえば、プレイブック内のターゲット（hosts ディレクティブ）に jp_servers のグループを指定した場合でも、group_vars/web_servers.yml にグループ変数を定義しておくと、web_servers に属したターゲットノードには、web_servers.yml に記載した変数値が引き継がれます。意図しない変数値の適用が発生しないようにするため、複数のグループに所属するターゲットノードに対して、同一の変数名を利用しないよう注意しておきましょう。

　グループ変数のファイルには、以下のように設定を行います。

Code 5-2　グループ変数の定義例： ./sec5/group_vars/web_servers.yml

```
1: ---
2: nginx_service_port: 8080
3: nginx_packages:
4:   - nginx
5:   - MySQL-python
```

　たとえば、web_servers.yml には HTTP プロセスに必要なオプションなど、Web サーバーグループのみに適用する変数を定義します。

Code 5-3　日本のサーバーグループ変数例： ./sec5/group_vars/jp_servers.yml

```
1: ---
2: ntp_servers:
3:   - "ntp.nict.jp"
4:   - "ntp.jst.mfeed.ad.jp"
```

一方、jp_servers.yml には、NTP の問い合わせ先サーバーの指定など、日本のサーバーグループ固有の変数を定義します。そして最後に、ロケーションやサーバー種別に関係がない運用環境全体に定義する変数は、group_vars/all.yml に定義しておくとよいでしょう。

これらの分割したインベントリを切り替えることで、ターゲットノードを指定します。

◎　分割したインベントリの実行例

```
## すべての本番環境の Web サーバーに適用する場合
$ ansible-playbook -i production.ini web_deploy.yml

## 日本の本番環境の Web サーバーのみに適用する場合
$ ansible-playbook -i production.ini web_deploy.yml -l jp_servers
```

■ 階層化したインベントリ

ここまで紹介してきた構成は、あくまで運用環境で設定が共通であり、変数の切り替えが少ない場合を想定したディレクトリ構成です。つまり、運用環境によってインベントリ構成のみを切り替え、どの運用環境でも group_vars ディレクトリ内のファイルに定義した変数を同じように展開します。

しかしながら、実際の運用では運用環境ごとにセキュリティ規則が異なり、使用するポート番号や各テンプレートの配置場所などが異なる場合も多いのではないでしょうか。このような場合には、ディレクトリ構造を階層化してインベントリの変数を定義することで対応が可能です。Ansible ではインベントリディレクトリ配下に置かれたファイルだけではなく、階層化されたディレクトリもインベントリとして指定できます。したがって、あらかじめ運用環境ごとにディレクトリを分割し、個別の変数を切り替えることで環境ごとの変数切り替えが実現できます。

◎　階層化したインベントリ例

```
./sec5/
└── inventories
    └── production
        ├── hosts
        ├── group_vars
        │   ├── web_servers.yml
        │   └── jp_servers.yml
        └── host_vars
            ├── web_servers.yml
            └── jp_servers.yml
```

各運用環境のディレクトリ配下にインベントリを作成した場合は、Ansible によって、インベントリのある階層にある host_vars および group_vars が読み込まれます。Ansible 実行時も階層化したインベントリディレクトリにあるインベントリ（例では inventories/production/hosts）を指定するだけで、動的に各環境のホスト変数やグループ変数が読み込まれます。

◎　階層化したインベントリの実行例

```
## 本番環境の Web サーバーに適用する場合
$ ansible-playbook -i inventories/production/hosts web_deploy.yml

## 日本にあるステージング環境のデータベースサーバーのみに適用する場合
$ ansible-playbook -i inventories/staging/hosts db_deploy.yml -l jp_servers
```

このように、インベントリディレクトリを分割することでターゲットノードの変数を柔軟に指定できます。ただし、階層化したディレクトリレイアウトでは可読性が低くなるため、十分に理解した上で利用を検討してください。特に、小規模な場合にあまり階層化したインベントリを設計すると、構造が必要以上に複雑化してしまいます。インベントリは後からでも簡単に分割できるため、まずはチームメンバがすぐに理解できるインベントリの作成を心掛けましょう。

5-1-2　プレイブックの分割

インベントリとは対照的に、プレイブックの分割はターゲットノードに依存せず、タスクのカテゴリによってファイルを分割します。ここで言うタスクとは、自動化を行いたい対象である「システムコンポーネント（役割）」とその「運用タスクプロセス」の2つのカテゴリを指します。

- システムコンポーネント（役割）
  構築対象となるインフラリソース、ミドルウェアやアプリケーションなど、これまでロール（役割）で取り扱ってきたコンポーネントの単位
- 運用タスクプロセス
  各コンポーネントの運用ライフサイクル（構築、復旧、監視、評価など）に応じて分割した単位

これらの分割範囲をどのように設計するかによって、プレイブックの構成が設計できます。「運用タスクプロセス」とは、各コンポーネントのインストール、設定、起動/停止、状態チェック、クラスタ化、クラスタへの追加/削除などの運用単位です。

Ansible で大規模環境を運用するためには、プレイブックの分割とその役割を意識することが重

要です。特にタスクが多いプレイブックでは、カテゴリごとに YAML ファイルを分割しなけれ
ば、タスク順序による定義エラーを引き起こす可能性があります。したがって、適切に分割する
ためのカテゴリをあらかじめ決めておくことをお勧めします。また、ある程度のプレイブックの
パターンを決めることにより、1 つのファイルに定義されるタスク数が限定され、共有する場合
もプレイブックの見通しが良くなります。

　ここでは上記のカテゴリをもとに、大規模から小規模までのプレイブックの構成事例を紹介し
ます（Figure 5-2）。

Figure 5-2　タスク規模とプレイブックのディレクトリ構成

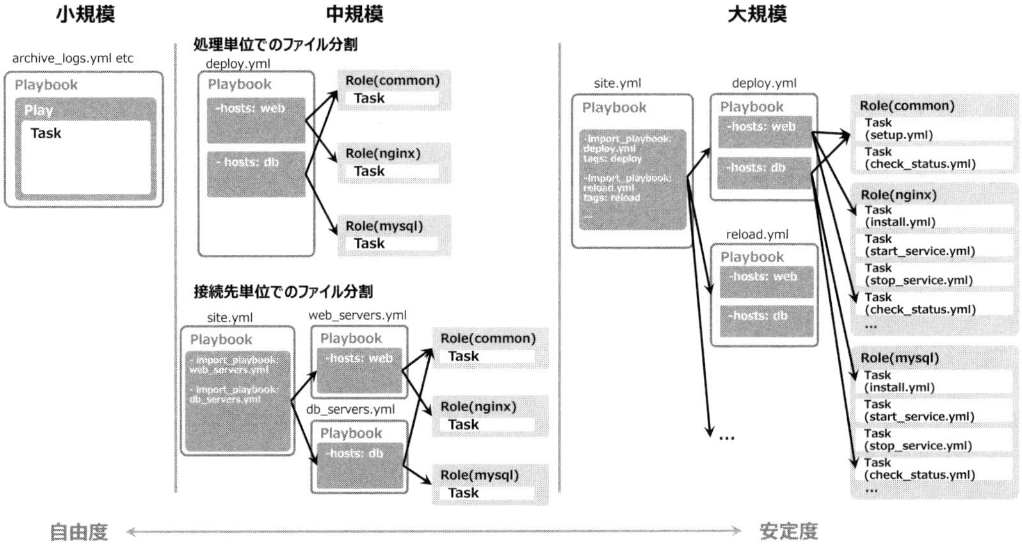

ここで紹介するプレイブック分割の方法も一例にすぎません。どのパターンにおいても注意す
べきことは、プレイブックもインベントリのディレクトリ構成と同様に、細かく分類すればする
ほど柔軟性は高まりますが、可読性は低下していくということです。したがって、自動化対象の
実行範囲やプレイブックを共有するメンバのスキルなども考慮に入れた上で、適切なプレイブッ
クの配置を設計してください。

　特にプレイブックの適用範囲が広ければ広いほど、個別の目的に合わせて改変する必要が出て
きます。属人化を進めないためにも、日頃から利用しているメンバ同士で、適切な単位でファイ
ルを管理できているのか、またタスク同士の依存がなく、再利用可能なユニットで管理できてい
るのかといったコードレビューが欠かせません。コードレビューまで自動化できる継続的インテ
グレーションの仕組みがあると完璧ですが、自動化の可否を問わず、レビューはプレイブックを

運用する上で必須のプロセスです。

■ 小規模なプレイブックディレクトリ構成

小規模なプレイブックディレクトリ構成とは、1つのプレイブックで特定のタスクを取り扱う構成です。これは自動化対象が小規模なときだけでなく、システムコンポーネントとタスクプロセスのどちらもが単一の作業の場合に有効です。たとえば、OS のセキュリティパッチの適用や、すでにクラスタ化されているミドルウェアのメンバ追加といった単体作業です。この場合、OS やWeb サーバーなど単体のコンポーネントに対して、1つのプレイブックでセキュリティパッチ適用前の事前タスク、実際にパッチを適用するタスク、パッチ適用後の確認タスクなどを実行します。

このプレイブック構成では、以下のような作業を対象とする場合に有効です。

- システムログの退避作業
- サマリーレポート出力作業
- セキュリティパッチ適用作業
- データのバックアップ作業
- クラスタへのメンバ追加作業

これらの場合はロールを利用せずに、単体で処理が終わるプレイブックを複数用意して、定常作業を実行します。

◎　小規模なプレイブックディレクトリ構成例

```
./sec5/
  ├── production.ini
  ├── group_vars
  ├── host_vars
  ├── backup_logs.yml    ## ログをバックアップするだけのプレイブック
  ├── update_security_patch.yml    ## セキュリティパッチを適用するだけのプレイブック
  └── ...
```

■ 中規模なプレイブックディレクトリ構成

中規模なプレイブックディレクトリ構成では、ロールを利用した典型的なパターンを利用します。このパターンは、アプリケーションデプロイメントのオーケストレーション作業のような、複数のシステムコンポーネントに対して単一のタスクプロセスを適用する場合に有効です。特に、運用作業よりも構築作業に伴うインストールやセットアップの自動化に利用されます。

　このプレイブック構成では、以下のような複数コンポーネントの作業を対象とする場合に有効です。

- ミドルウェアの一括インストール作業
- アプリケーション実行環境の構築作業
- OS の初期セットアップ作業
- セットアップ確認テスト作業
- クラウドリソースのブートストラッピング作業

など

◎　中規模なプレイブックディレクトリ構成例

```
./sec5/
├── group_vars
│    ├── db_servers.yml
│    └── web_servers.yml
├── host_vars
├── roles
│    └── nginx
│        ├── defaults
│        │    └── main.yml
│        ├── tasks
│        │    └── main.yml
│        └── templates
│             └── nginx.conf.j2
└── site.yml
```

　ロールを活用した場合、プレイの定義方法によってプレイブックを分割する方法が分かれます。ここで言う**プレイ**とは「hosts」ディレクティブによって接続先が変更できる実行範囲を示しています。もし、接続先の変更が少なければ 1 つのプレイブックで構成できますが、変更が複数発生する場合や運用上明示的に接続先を切り替える場合は、以下の単位でプレイブックファイルの分割を検討します。この際、ロールは共通化しておき、接続先によってプレイブック内でデプロイ対象コンポーネントやアップデート対象操作を制限することがお勧めです。

- 処理単位のファイル分割

　　特定の処理単位で事前にプレイブックを分割しておきます。この分割単位を検討することで、実行すべきタスクプロセスが増えても、容易に拡張できます。この場合、cluster_deploy.yml、cluster_update.yml というシステム全体の処理単位でプレイブックを分割します。

- 接続先単位のファイル分割

  接続先単位でファイルを分割しておくことにより、インベントリとの組み合わせによって、接続対象への処理が明確化します。たとえば、接続対象に合わせて `web_deploy.yml`、`db_deploy.yml` というファイルを作成します。

これらの分割単位は、規模によって一長一短があります。処理単位で分ける場合は、接続先の切り替えが多いほど、処理の依存性が複雑になります。また、接続先単位で分割すると、アップデートやチェックタスクなど、複数のタスクを実行する場合にプレイブックの数が増えてしまいます。

プレイブックの取り扱いは、処理の分割単位によって運用の難易度が変わるため、チームで事前に認識を合わせておきましょう。

■ 大規模なプレイブックディレクトリ構成

管理が多岐に分かれるプレイブックでは、ディレクトリ構成がプレイブックやロールを安定的に運用するための一つの施策になります。このパターンは、各システムコンポーネントに対して、構築作業だけでなく日々の運用作業などの処理タスクをプレイブックにまとめる場合などに活用できます。

このプレイブック構成では、以下のような複数コンポーネントあるいは複数タスクプロセスを含む場合に有効です。

- クラウドプラットフォームの運用
- 監視サービスの統合運用管理
- Web サービスの統合運用管理

ロールの `tasks` ディレクトリでは、`main.yml` が自動的に読み込まれますが、運用や構成タクスが増えるとロール自体の肥大化を回避する必要が出てきます。そのため、あらかじめタスクプロセスごとにファイルを分割しておき、どのような運用にも対応できるようにすると便利です。

◎　大規模なプレイブックディレクトリ構成例

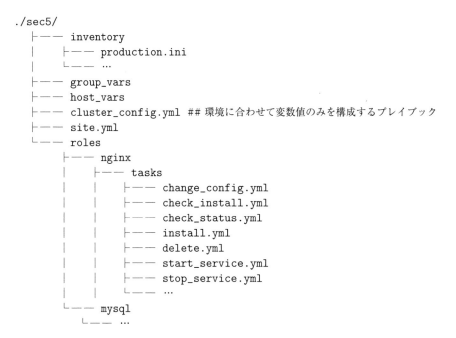

```
./sec5/
├── inventory
│   ├── production.ini
│   └── ...
├── group_vars
├── host_vars
├── cluster_config.yml ## 環境に合わせて変数値のみを構成するプレイブック
├── site.yml
└── roles
    ├── nginx
    │   ├── tasks
    │   │   ├── change_config.yml
    │   │   ├── check_install.yml
    │   │   ├── check_status.yml
    │   │   ├── install.yml
    │   │   ├── delete.yml
    │   │   ├── start_service.yml
    │   │   ├── stop_service.yml
    │   │   └── ...
    └── mysql
        └── ...
```

　しかし、すべてのタスクプロセスのファイルを条件分岐やタグ制御によって、ロールのタスクディレクトリにある main.yml から制御すると、本来呼ばれるべきではないタスクプロセスを呼び出してしまう恐れなどもあり、かえって運用が煩雑になる可能性があります。よって、1 つのロールのタスクプロセスが多くなった場合は、main.yml を利用せずに直接プレイブックから ansible.builtin.include_role や ansible.builtin.import_role モジュールを使って特定のタスクプロセスを呼び出し、1 つのプレイブック内で処理が完結するように指定することも大規模なプレイブックの管理方法の一つです。

Code 5-4　ロールのタスクプロセスをハンドリングする例

```
1: ---
2: - name: Create Nginx Service
3:   hosts: webservers
4:   become: true
5:
6:   tasks:
7:   - name: Initialize OS settings
8:     ansible.builtin.include_role:
9:       name: common
```

```
10:         tasks_from: setup.yml
11:         vars_from: linux_centos.yml
12:
13:  - name: Check OS status
14:    ansible.builtin.include_role:
15:       name: common
16:       tasks_from: check_status.yml
17:
18:  - name: Pre tasks for nginx
19:    ansible.builtin.include_role:
20:       name: nginx
21:       tasks_from: pre_install.yml
```

　また、大規模なプレイブックを作成すると環境差異が出てしまい、改修頻度が増える可能性も
あります。その場合は、事前に環境をチェックして特定の変数を書き換えるようなセットアップ
プレイブック（`cluster_config.yml`など）を実行した後に、環境の変更を行うメインのプレイ
ブックを実行するとよいでしょう。こういった手段は、多くの商用プロダクト管理でも活用され
ています。

　このように、ロールに分割してもタスクが多い環境では、汎用性の高いロールのタスクプロセ
スをまとめて個別のプレイブックから呼び出す方法で、プレイブックの柔軟性を高めましょう。

5-2　Ansible Galaxy

　Ansible では再利用可能な単位でプレイブックやロールを管理することが欠かせません。しかし
すべての処理を一からプレイブックに定義すると、その開発工数だけでなく学習コストも増えて
しまいます。こうした課題に対応するために、利用者が開発したコレクションやロールを標準化
し、インターネット上で共有する「Ansible Galaxy」という仕組みがあります。

　Ansible Galaxy とは、コミュニティで開発されたロールやコレクションを共有できる SaaS 型の
Web サイトです。Ansible 利用者は、この共有サイトから無償で「ロール」や「コレクション」の
検索やインストールができます。また、Ansible に組み込まれている `ansible-galaxy` コマンドを
使用することによって、コマンドライン上からこれらを管理することも可能です。

参照：Ansible Galaxy

https://galaxy.ansible.com/

なお、この Ansible Galaxy と同様の仕組みとして「**Automation Hub**」、ならびに Automation Hub を社内ネットワークで利用できる「**Private Automation Hub**」があります。これらは Red Hat Ansible Automation Platform（AAP）のサブスクリプション契約のユーザーに提供されており、Red Hat 社認定のコレクションがここで提供されています。

本書では、コミュニティベースの Ansible Galaxy を使い「**MySQL Server**」の導入手順を例に紹介していきます。

Figure 5-3　Ansible Galaxy の Web サイト

5-2-1　ロールの管理

まずは Ansible Galaxy を使ったロールの取り扱いについて見ていきましょう。Ansible Galaxy を利用する場合は、利用したい自動化コンポーネントを Web サイトから検索し、そのロールの評価を行った上でインストールします。

■ ロールの検索

Ansible Galaxy の Web サイト上でロールを検索するには、以下の手順で行います。

(1) 左側のサイドバーから［Search］（検索）アイコンをクリックします（**Figure 5-4**）。
(2) 検索バーに「mysql」と入力します。
(3) ［Filters］を押し、**Type**（タイプ）を「（**Role**」（ロール）に設定します。
(4) 必要に応じて結果の出力順（降順）を設定して Enter を押します。

Figure 5-4　ロールの検索

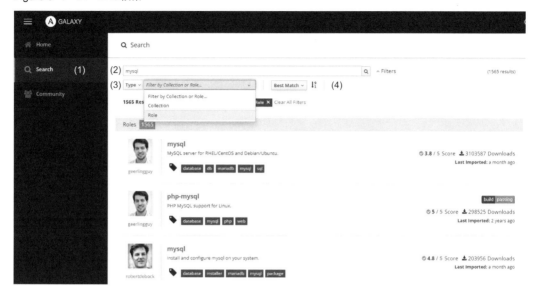

Webサイトの検索では登録されているロールがすべて展開されるため、フィルタ機能を使って絞り込みます。基本は公式コミュニティが作成したものやコンテンツ評価の高いものを選ぶことをお勧めします。導入負担を最小限にするためにも、各ロールに表示されている「**コンテンツ評価（Content Score）**」を確認すると便利です。ロールのコンテンツ評価には主に2つの評価軸があり、双方が5点満点で評価されています。

- 品質スコア（Quality Score）：Syntax スコアと Metadata スコアの平均によって計算されます。
- コミュニティスコア（Community Score）：ドキュメントの充実度合いや利用の容易さなど、利用者からのフィードバックをもとに計算されます。

品質スコアは「ansible-lint」と「yamllint」のルールに基づいて計算されています。これらの信頼度が高いロールを利用することで、より品質の高いプレイブックを構築できます。ただしここで示されるコンテンツ評価は、Ansible Galaxy へのインポート時にのみ計算されます。したがって、評価が高いものの長期間変更されていないロールには注意が必要です。

メンテナンスが滞っている古いロールは「**最終更新日（Last Imported）**」の日付から判断します。最終更新日が数年前になっているものは、Ansible の対応バージョンだけでなく導入する対象製品や OS のバージョンも変わっており、うまく動作しない場合があります。これらを確認した上で Ansible Galaxy のロールを利用してください。

これらの検索をコマンドライン上から実施するには、`ansible-galaxy` コマンドを利用します。

◎　ansible-galaxy を利用したロールの検索

```
$ ansible-galaxy role search mysql
Found 1594 roles matching your search. Showing first 1000.

 Name                           Description
 ----                           -----------
 Outsider.ansible_zabbix_agent  Installing and maintaining zabbix-agent
                                for RedHat/Debian/Ubuntu.
 0x0i.grafana                   Grafana - an analytics and monitoring obs
                                ervability platform
 0x0i.prometheus                Prometheus - a multi-dimensional time-seri
                                es data monitoring and alerting toolkit
 ...
```

ansible-galaxy コマンドでは、検索に一致する最初の 1000 件の結果を返します。

■ ロールのインストール

　導入したいロールが決まった場合、ansible-galaxy コマンドを使ってそのロールを手元の環境にインストールできます。ロールの配置場所は、下記のデフォルトディレクトリリストから選択されます。その際、最初に書き込み可能なディレクトリが選ばれます。

- ~/.ansible/roles
- /usr/share/ansible/roles
- /etc/ansible/roles

　ロールの配置場所を指定するためには「--roles-path」オプションを設定するか、環境変数「ANSIBLE_ROLES_PATH」でロールを配置するディレクトリを選択します。Ansible Galaxy には同じ名前のロールが複数存在するため「<名前空間>.<ロール名>」という指定を行ってインストールしてください。

　たとえば「geerlingguy」さんが作成した MySQL ロールを roles ディレクトリにインストールする場合は、「geerlingguy.mysql」という指定になり、以下のような手順を踏みます。

◎　ansible-galaxy を利用したロールのインストール

```
$ export ANSIBLE_HOME=/home/ansible
$ cd ${ANSIBLE_HOME}
$ mkdir ./roles
```

```
$ ansible-galaxy install --roles-path ./roles geerlingguy.mysql
Starting galaxy role install process
- downloading role 'mysql', owned by geerlingguy
- downloading role from https://github.com/geerlingguy/ansible-role-mysql/archi
ve/4.3.2.tar.gz
- extracting geerlingguy.mysql to /runner/ansible/roles/geerlingguy.mysql
- geerlingguy.mysql (4.3.2) was installed successfully

$ ls ./roles/geerlingguy.mysql/
LICENSE  README.md  defaults  handlers  meta  molecule  tasks  templates  vars
```

このようにロールを Ansible Galaxy から持ってくることで、プレイブックを一から作る工数を大幅に削減できます。

5-2-2　コレクションの管理

従来の Ansible Galaxy では、ロールの共有のみが可能でした。製品特有のセットアップを行うためには、それに依存するモジュールやプラグインが不可欠となります。この問題を解決するために、コレクションを共有します。それによって、モジュール、プラグイン、ロールなどを1つのパッケージとして Ansible に導入することが可能です。

この仕組みを応用することで、ソフトウェアメーカーが製品に依存した構築作業や初期インストールの自動化を提供できます。もちろんベンダー製品だけに依存せず、自社のアプリケーションの自動構築手順をコレクションにパッケージ化し、共有することでチーム全体の工数を減らすことにも貢献できます。

Ansible Galaxy ではコレクションも、ロールと同じように管理できます。

■ コレクションの検索

Ansible Galaxy の Web サイト上でコレクションを検索するには、以下の手順で行います。

（1）左側のサイドバーから［Search］（検索）アイコンをクリックします（Figure 5-5）。
（2）検索バーに「mysql」と入力します。
（3）［Filter］を押し、Type（タイプ）を「Collection」（コレクション）に設定します。
（4）必要に応じて結果の出力順（降順）を設定して Enter を押します。

ロール同様に、頻繁に更新が行われているコレクションには「コンテンツ評価（Content Score）」

Figure 5-5　コレクションの検索

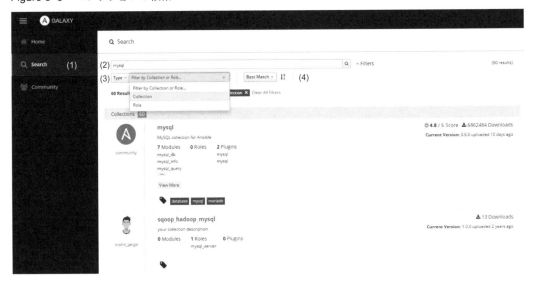

が示されます。コンテンツ評価や最終更新日を確認しながら、信頼性の高いコレクションをインストールしてください。

■ コレクションのインストール

コレクションも `ansible-galaxy` コマンドを利用してインストールします。コレクションの配置場所は、設定項目「`COLLECTIONS_PATHS`」[*2]で示されている場所に保存されます。また、デフォルトでは「`~/.ansible/collections`」配下に保存されます。

これらの場所を変更するためには「`-p`」オプションで上書きを行いましょう。ロール同様にコレクションも同様の名前が存在するため「**<名前空間>.<コレクション名>**」という指定を行う点に注意してください。

たとえば、コミュニティ公式の MySQL コレクションをインストールする場合は、以下のような手順を踏みます。

＊2　COLLECTIONS_PATHS
https://docs.ansible.com/ansible/latest/reference_appendices/config.html#envvar-ANSIBLE_
COLLECTIONS_PATHS

◎　ansible-galaxy を利用したコレクションのインストール

```
$ cd ${ANSIBLE_HOME}
$ ansible-galaxy collection install community.mysql
Starting galaxy collection install process
Process install dependency map
…
$ ls ~/.ansible/collections/ansible_collections/community/mysql/
CHANGELOG.rst    CONTRIBUTORS    …
```

　1 つのコレクションをインストールする場合は、上記の方法で個々のコレクション名を指定します。しかし、プレイブックによっては複数のコレクションが使用され、事前に利用するコレクションを複数インストールしなければいけない場合もあります。そのような場合は requirements.yml を利用して、一括してコレクションやロールをインストールできます。

　requirements.yml とは、インストール対象となるコレクションを指定した YAML ファイルです。これを利用することで、一つ一つのコレクションを指定せずとも、requirements.yml 内に記載されたコレクションを一度にインストールできます。

　requirements.yml は、以下のキーを利用して記載します。

Table 5-1　requirements.yml のキー一覧

キー	詳細
name	対象コレクション名
version	対象コレクションのバージョン
signatures	対象コレクションの整合性を検証するための署名
source	対象コレクションを提供している Galaxy サーバー
type	コレクションの提供形態 (file, galaxy, git, url, dir)

　たとえば、先ほどの MySQL コレクションをインストールする場合は、以下のような requirements.yml を用意します。

Code 5-5　requirements.yml の例

```
1: ---
2: collections:
3:   - name: community.mysql
4:     version: ">=3.6.0"
5:
6:   - name: community.postgresql
7:     version: "==2.3.2"
```

この requirements.yml を利用すると、MySQL と PostgreSQL のコレクションが同時にインストール可能です。また「ansible-galaxy collection list」コマンドを利用して、すでにインストールされているコレクションの一覧表示ができます。

◎　requirements.yml ファイルを利用したコレクションのインストール

```
$ ansible-galaxy install -r requirements.yml
Starting galaxy collection install process
Process install dependency map
...
$ ansible-galaxy collection list
# /home/runner/.ansible/collections/ansible_collections
Collection              Version
----------------------- -------
community.mysql         3.6.0
community.postgresql    2.3.2
```

このように Ansible Galaxy を利用して、効率的なロールやコレクションの管理を行いましょう。

5-3　パフォーマンスチューニング

　Ansible は命令型の構成管理ツールであるため、一つ一つのコマンドの処理が速いほど、全体の作業を迅速に終えられます。もちろん、Ansible のデフォルト設定のままでも処理は適切に行われますが、大規模環境ではパフォーマンスの違いによって生産性に大きな影響を与えます。

　ここで言う「パフォーマンスチューニング」とは、スループット（単位時間当たりの処理量）を向上させ、レスポンスタイム（結果が戻るまでの時間）を短縮することです。ここではパフォーマンスを向上させるための機能をいくつか紹介します。それぞれのチューニング方法が異なるため、各々の環境に合った方法を試してみてください。

- ファクトキャッシュ
- タスクの並列処理
- SSH チューニング
- パッケージインストールの効率化

5-3-1　ファクトキャッシュ

　Ansible にはターゲットノードの機器情報（ファクト）を収集する機能があり、プレイブック実行のはじめに実施されます。この機能を利用すると、接続ごとにターゲットノードの細かな機器情報を収集できますが、接続台数に比例してレスポンスタイムに影響を及ぼします。そのため、Ansible のレスポンスタイムを向上させるためには、ファクト情報の収集時間を短縮することが効果的です。

　簡単にプレイブック実行処理を短縮する方法の一つは、ファクト情報の収集を無効化することです。ファクトはファクト変数としてプレイブック内で活用できますが、すべてのタスクにおいてファクトが必要なわけではありません。実行タスクやテンプレートでファクト変数を使用しない場合は、ファクト収集機能を無効化することが簡単な対処方法です。ファクト収集機能の無効化はプレイブックの「gather_facts」にて設定できます。

Code 5-6　ファクトの無効化（プレイブック）

```
1: ---
2: - hosts: web_servers
3:   gather_facts: false    ## false にすることでファクト収集無効化
4:   tasks:
5:     …
```

　しかしながら、ファクト変数なしですべての処理を行おうとすると、動的な機器情報に対応する柔軟性が損なわれます。そこで活用するのが、キャッシュプラグイン（Cache plugins）で提供されているファクトキャッシュです。ファクトキャッシュは、一度接続したノードのファクト情報を一時的に保存し、次回実行時にキャッシュから情報を得ることによって処理時間の短縮を図る機能です。

　プラグインが対応しているファクトキャッシュの保存先には、以下のものがあります。この中で jsonfile と memory だけがビルトインのプラグインとして提供されています。

- ansible.builtin.jsonfile：JSON 形式のファイルに保存
- ansible.builtin.memory：RAM に保存
- community.mongodb.mongodb：MongoDB に保存
- community.general.pickle：Pickle 形式のファイルに保存
- community.general.redis：Redis に保存

- community.general.yaml：YAML 形式のファイルに保存

キャッシュプラグインはデフォルトで有効化されており、メモリ（memory）のキャッシュプラグインが使用されます。これによって、Ansible が実行するインベントリデータのみをキャッシュします。その他のファクトキャッシュの保存先を選ぶ場合は、ansible.cfg または環境変数（ANSIBLE_CACHE_PLUGIN）への設定が必要です。

◎　環境変数によるファクトキャッシュの有効化（jsonfile 利用の例）

```
$ export ANSIBLE_CACHE_PLUGIN=ansible.builtin.jsonfile
```

ここでは、ファクトキャッシュからよく利用される「jsonfile」に関して簡単に紹介します。

■ jsonfile へのキャッシュ

紹介したファクトキャッシュのプラグインの中で「ansible.builtin.jsonfile」「community.general.yaml」に関しては、ファクトがファイルシステムに保存されます。キャッシュのために別のサービスを立ち上げる必要がなく、ansible.cfg の設定だけで簡単に利用できる一方で、ファクトのファイルを維持する必要があります。多くのターゲットノードに接続を行うと、その分ファイルの大きさが肥大化していくため、注意しておきましょう。

Code 5-7　jsonfile によるファクトキャッシュ設定（ansible.cfg）

```
1: [defaults]
2: gathering = smart
3:
4: fact_caching = ansible.builtin.jsonfile
5: ## Local ホストのファイル保存場所
6: fact_caching_connection = /tmp/ansible_facts
7: ## 24 時間のキャッシュ保持期限
8: fact_caching_timeout = 86400
```

5-3-2　タスクの並列処理

Ansible は、特別な設定を行わずとも複数のターゲットノードに対して並列に処理を行っています。ただし、同時にタスク処理が実行される台数は、ansible.cfg にある「forks」というパラ

メーターで定義します。forks はデフォルトで 5 セッションが並列に実行されますが、保守的な設定値であるため、本書では 15 セッションを設定しています。コントロールノードからは、実行ファイルの転送と実行命令のみを送信するだけなので、ターゲットノードの台数に応じて forks の値を増やすと、比較的容易に処理全体のパフォーマンスを向上できます。ただし、値を増やしすぎるとコントロールノードのリソースやネットワーク負荷につながるため、様子を見ながら調整してください。

Code 5-8　forks の設定（ansible.cfg）

```
1: [defaults]
2: forks = 15
```

　forks を増やすとタスクの並列実行数が増えますが、処理の内容によっては、並列実行時の順序に注意すべきタスクも存在します。これらの並列処理の順序を管理するのがストラテジプラグインです。

■ ストラテジプラグインの利用

　Ansible の並列実行処理は、タスク同士で逐次実行されます。つまり、並列実行しているタスクの中で一番処理が遅いノードの応答を待ってから、次のタスクの実行に進みます。これは、同様の作業の同期を取る重要な仕組みですが、個別の待ち時間が生じるため、パフォーマンスに影響を与えます。このような課題を解決するために開発されたのが、**ストラテジプラグイン**（Strategy plugins）です。

　ストラテジプラグインは、プレイの処理方式をコントロールします。そのため 1 つのプレイに対して、1 つのストラテジプラグインを指定します。またデフォルトでは「linear」方式が指定されており、タスクごとに全ターゲットノードの処理を待ちながらプレイを進めます。その他にも、以下のストラテジプラグインが用意されています。

- ansible.builtin.linear：各ホストのタスク終了を待ち、シーケンシャルに実行
- ansible.builtin.host_pinned：中断することなく各ホストでタスクを実行
- ansible.builtin.free：すべてのホストを待たずにタスクを実行

　「free」方式は、ターゲットノード間でのタスクの実行を待たずに独立して実行する方式です（Figure 5-6）。

Figure 5-6　ストラテジプラグインの Linear と Free

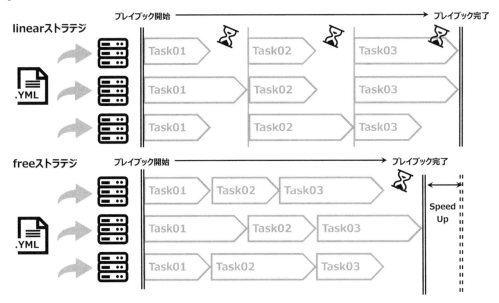

　「free」または「linear」では、アクティブなプレイを持つホストの数は、forks の数を超えません。しかし、「host_pinned」を利用することによって、開始を待機しているホストに対して新規の接続を試みます。開始タイミングを除いては「free」と同じ動作を行います。

　「free」や「host_pinned」を利用する場合に注意すべき点は、ターゲットノード間に処理の依存関係があってはならないということです。たとえば、データベースなどのクラスタを初期化する場合は、クラスタ情報の同期タイミングに注意しなければいけません。このように実行タイミングに影響を与えるタスクでは、ストラテジプラグインの特徴をよく理解した上で利用してください。

Code 5-9　strategy の設定

```
1: ---
2: - hosts: web_servers
3:   strategy: ansible.builtin.free
4:   tasks:
```

　その他にも「debug」というストラテジが用意されていますが、これはデバッグ処理を行う特殊なストラテジのため、トラブルシューティングの中で後述します。

5-3-3 SSH のチューニング

Ansible では、ノード接続の根幹である SSH をチューニングすることによって、処理パフォーマンスが向上します。

ここでは、SSH 接続のパフォーマンス改善に直結する「**多重接続機能**」と「**パイプライン**」を紹介します。

■ 多重接続機能

毎回タスク上のコマンドを実行するたびに、SSH コネクションを確立していると、どうしてもプレイブック全体のオーバーヘッドが大きくなってしまいます。そこで OpenSSH の多重接続機能を利用することによって、接続の負荷を軽減します（Table 5-2）。

OpenSSH の多重接続機能では、はじめに接続した制御用の TCP セッション（マスタコネクション）を Unix ドメインソケットとして作成し、そのセッションを再利用して複数の接続を束ねることができます。本来であれば、TCP の同時接続数が制限されている環境において複数 SSH セッションを集約するなど、複数の接続を 1 つのコネクションに束ねるための機能ですが、すでに接続認証が完了しているセッションを共有するため、SSH 接続処理にかかる時間を削減します。

Table 5-2　SSH の多重接続設定

オプション	値	設定内容
ControlMaster	yes	ターゲットノードに接続し、Unix ドメインソケットを作成する（マスタセッション）
	no	ControlPath で指定したソケットを利用する
	auto	ソケットがなければ作成し、作成していればそれを利用する
ControlPath	保存先パス	ソケットのパスを指定する。パスには以下を利用して一意にパスを決める
		%l: ローカルホスト名
		%h: ターゲットノードホスト名
		%n: コマンドライン上のホスト名
		%p: 接続先ポート番号
		%r: ターゲットノード先のログインユーザー名
		%u: ローカルのユーザー名
	none	接続の共有を禁止する
ControlPersist	yes	永続的にコネクションを残す
	時間	マスタセッションのタイムアウト期間を設定

247

多重接続機能を設定するオプションは以下の 3 点です。

- ControlMaster：多重接続時 (接続ノードと複数の同時 SSH セッションを設ける場合) に、単一のネットワーク接続を使用できます
- ControlPath：多重接続時に使用するソケットの保存場所を指定します
- ControlPersist：SSH がアイドル状態の接続をバックグラウンドで開いたままにする時間を示します

これらは通常、SSH の設定（$HOME/.ssh/ssh_config）や接続時のオプションで指定しますが、OpenSSH のバージョン 5.6 以上（ControlPersist 追加）であれば、Ansible ではデフォルトで多重接続機能を利用するように設定されます。そのため、特に設定を行わずともこの機能を利用することになります。明示的に設定を行う場合は、ansible.cfg の [ssh_connection] セクションに設定してください。

Code 5-10　多重接続設定の設定（ansible.cfg）

```
1: [defaults]
2: …
3: [ssh_connection]
4: ## Ansible のデフォルト値
5: ssh_args = -o ControlMaster=auto -o ControlPersist=60s
6: ## /home/ansible/.ansible/cp/配下
7: control_path = %(directory)s/ansible-ssh-%%h-%%p-%%r
```

上記の設定を行うとプレイブック実行時に以下のようなソケットファイルが作成されます。

```
$ ls ~/.ansible/cp/
ansible-ssh-127.0.0.1-22-ansible
```

多重接続機能を使用する場合は、Unix ドメインソケットへのアクセス権限を他のユーザーへ許可しないよう注意してください。

さらに ControlPath は、108 文字までの制限があります。ホスト名などを ControlPath に含むと、クラウドリソースのホスト名などで制限文字数を超え、「ControlPath too long」というエラーが出る恐れがあります。したがって、ControlPath は既定のディレクトリ名とユーザー名の組み合わせ（control_path = %(directory)s/%%r）などにしておくことをお勧めします。

■ パイプライン

　Ansible の処理は、実行スクリプトをターゲットノードに転送、ターゲットノード側でスクリプトの実行、スクリプトの削除という手順で行われます。しかし、これらの転送、実行、削除の都度 SSH 接続が行われるため、作業としては非効率です。

　パイプライン処理は、実際のファイル転送を行わずに Ansible モジュールを実行することにより、ターゲットノード上でモジュールを実行するため、実行スクリプトの転送や削除に必要なネットワーク接続数を減らします。仕組みとしては、コントロールノード上の実行スクリプトを、ターゲットノードに対して直接 SSH 経由で実行することによって、処理を短縮化します。

　実際の設定は、ansible.cfg の ssh_connection セクションにある pipelining を有効化することで利用できます。

Code 5-11　多重接続設定の設定（ansible.cfg）

```
1: [defaults]
2: …
3: [ssh_connection]
4: pipelining = True
```

　設定自体はとても簡単ですが、パイプライン機能は直接スクリプトを実行しているため、ターゲットノード側で sudo を利用する場合は TTY エラーが出てしまいます。よって、あらかじめターゲットノード側の/etc/sudoers の設定で、requiretty を無効化しておく必要があります。requiretty は tty とつながっていない sudo 実行を防御するセキュリティ強化の設定です。無効化する場合は、Ansible 実行ユーザーのみに限定してください。

Code 5-12　requiretty の無効化例：/etc/sudoers.d/ansible

```
1: Defaults:ansible        !requiretty
```

5-3-4　パッケージインストールタスクの高速化

　パフォーマンスチューニングの最後は、OS パッケージインストールタスクに対する、実行レスポンスタイムを短縮する方法です。たとえば、ターゲットノードが 100 台あったとした場合、そのすべてが一斉にインターネット越しに OS ライブラリのパッケージ更新を行うと、莫大なネット

ワークトラフィックが流れ、時間がかかります。こうした外部にあるコンテンツの取得時間を短縮
できる手法の一つが、ローカル環境にライブラリのミラーリポジトリを用意することです（Figure
5-7）。

Figure 5-7　ミラーリポジトリの利用

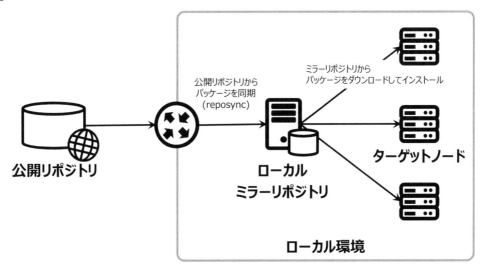

　これを利用することによってインターネット越しの接続が軽減され、パッケージ取得のレスポ
ンスタイムを速めることができます。事前にミラーリポジトリサーバーの構築を行い、その後に
ターゲットノードからミラーリポジトリの登録を行ってください。

■ ミラーリポジトリサーバーの構築

　ローカルのミラーリポジトリを作成する方法は複数あり、Red Hat 系の OS を利用する場合
と Debian 系の OS を利用する場合でも異なります。ここでは Rocky Linux 上に Nginx を起動し、
reposync コマンドを利用してリポジトリを同期する構築方法を以下の手順で紹介します。

（1）Nginx（HTTP）サーバーのインストール
（2）ミラーリポジトリの構築
（3）継続的な同期ジョブの設定
（4）Nginx の構成

まずは、ミラーリポジトリ用の Rocky Linux サーバーを新たに用意してください。Ansible のコ

ントロールノードと併用しても構いませんが、ミラーリポジトリにはすべてのターゲットノードから問い合わせが来ます。そのため、ボトルネックにならないように CPU リソースを増やしておくことが重要です。

　ここでは、ミラーリポジトリサーバーの名前を便宜上「reposerver.example.com」というドメインで構築していることを前提としますが、環境に合わせて変更を行ってください。

（1）Nginx（HTTP）サーバーのインストール

　ここからの作業はミラーリポジトリ用の Rocky Linux サーバー上で行います。ミラーリポジトリサーバーでは、HTTP を介してパッケージを配信します。今回は Nginx を利用しますが Apache HTTP サーバーでも代用可能です。

◎　Nginx（HTTP）サーバーのインストール

```
[root@reposerver /]# dnf install -y nginx
[root@reposerver /]# systemctl enable nginx --now
```

　インストールした後は、デフォルトの設定で Nginx プロセスが起動することを確認してください。

（2）ミラーリポジトリの構築

　dnf コマンドを使い、ミラーリポジトリサーバーがデフォルトで有効化しているリポジトリを確認します。ここで登録されている Rocky Linux 公式リポジトリが、インターネット上で同期元となるリポジトリを示します。

◎　同期元リポジトリの確認

```
[root@reposerver /]# dnf repolist
repo id         repo name
appstream       Rocky Linux 9 - AppStream
baseos          Rocky Linux 9 - BaseOS
extras          Rocky Linux 9 - Extras
```

　Rocky Linux は「BaseOS」「AppStream」の2つの主要リポジトリでパッケージを提供します。デフォルト設定では「Extras」リポジトリも表示されますが、今回は「BaseOS」「AppStream」を同期対象とします。Ansible のターゲットノードが利用するコンポーネントによって必要なリポジトリは異なるため、適宜同期先を変更しておきましょう。

- BaseOS：基本的な OS の機能のコアセットを提供するリポジトリ
- AppStream：ユーザー空間で利用するアプリケーション、ランタイム言語、およびデータベースなどを提供するリポジトリ

次にミラーリポジトリサーバーにパッケージを格納する場所を作成し、同期元の公式リポジトリからパッケージを取得します。なお、リポジトリの同期にはリポジトリ管理ツールである「yum-utils」を使います。

◎　同期元リポジトリからパッケージの取得

```
[root@reposerver /]# dnf install -y yum-utils

[root@reposerver /]# mkdir -pv /usr/share/nginx/html/repos/{baseos,appstream}

[root@reposerver /]# dnf reposync -g --delete -p /usr/share/nginx/html/repos/ \
  --repoid=baseos --download-metadata
[root@reposerver /]# dnf reposync -g --delete -p /usr/share/nginx/html/repos/ \
  --repoid=appstream --download-metadata
```

上記の操作では「BaseOS」と「AppStream」の公式リポジトリからすべてのパッケージを同期しているため少し時間がかかります。同期完了後は、格納先にパッケージがダウンロードされているかを確認しておきましょう。

◎　ミラーリポジトリの同期確認

```
[root@reposerver /]# ls /usr/share/nginx/html/repos/*/
/usr/share/nginx/html/repos/appstream/:
Packages  mirrorlist  repodata

/usr/share/nginx/html/repos/baseos/:
Packages  mirrorlist  repodata
```

（3）継続的な同期ジョブの設定

同期元の公式リポジトリは随時更新されます。したがって、Cron などの定期ジョブプロセスにより日々同期を取らなければいけません。Cron ジョブを設定する場合は、以下のようにミラーリポジトリの同期コマンドを bash スクリプトに定義し、/etc/cron.daily/update-localrepos に配置します。

Code 5-13　Cron ジョブの例（/etc/cron.daily/update-localrepos）

```
1: #!/bin/bash
2: /bin/dnf reposync -g --delete -p /usr/share/nginx/html/repos/ --repoid=baseos
3: --download-metadata
4: /bin/dnf reposync -g --delete -p /usr/share/nginx/html/repos/ --repoid=appstre
5: am --download-metadata
```

（4）Nginx の構成

　すでにインストールしている Nginx を、ローカルのミラーリポジトリのディレクトリに合わせて構成しましょう。/etc/nginx/conf.d/repos.conf という設定ファイルを用意し、パッケージを格納したローカルのディレクトリを指定します。また、ディレクトリのリストが可視化できるように、autoindex 設定を有効にします。

◎　Nginx の構成

```
[root@reposerver /]# cat << EOF > /etc/nginx/conf.d/repos.conf
server {
        listen   8080;
        server_name  reposerver.example.com;
        root   /usr/share/nginx/html/repos;

        index index.html;
    location / {
            autoindex on;
        }
}
EOF

[root@reposerver /]# systemctl restart nginx
[root@reposerver /]# systemctl status nginx
```

　設定が終わったら Nginx の再起動を行い、curl コマンドなどを用いてアクセス確認を行ってください。無事にミラーリポジトリが HTTP 経由で確認できれば完了です。うまく接続できない場合は、ファイアウォールや SELinux の設定も見直してみましょう。

◎　ミラーリポジトリ接続確認

```
[root@reposerver /]# curl http://reposerver.example.com:8080/
<html>
...
```

```
<h1>Index of /</h1><hr><pre><a href="../">../</a>
<a href="appstream/">appstream/</a>
<a href="baseos/">baseos/</a>
…
</html>

## ファイアウォール設定の解除（オプション）
[root@reposerver /]# firewall-cmd --zone=public --permanent --add-service=http
[root@reposerver /]# firewall-cmd --reload

## SELinux のセキュリティコンテキスト設定（オプション）
[root@reposerver /]# chcon -Rt httpd_sys_content_t /usr/share/nginx/html/repos/
```

■ ターゲットノードのリポジトリ登録

　構築したミラーリポジトリを利用するためには、Ansible のすべてのターゲットノード側で利用リポジトリ先を変更する必要があります。これを行ってはじめてパッケージインストールタスクの高速化が実現できます。設定としては、ターゲットノード側で新たなリポジトリファイルを/etc/yum.repos.d/に配置します。

Code 5-14　ミラーリポジトリの設定例（/etc/yum.repos.d/localrepo.repo）

```
 1: [localrepo-base]
 2: name=Rocky Linux $releasever - Base
 3: baseurl= http://reposerver.example.com:8080/baseos/
 4: gpgcheck=0
 5: enabled=1
 6:
 7: [localrepo-appstream]
 8: name=Rocky Linux $releasever - AppStream
 9: baseurl= http://reposerver.example.com:8080/appstream/
10: gpgcheck=0
11: enabled=1
```

　これらを配置したら、既存のリポジトリを削除してミラーリポジトリの設定を再読み込みします。

◎　ミラーリポジトリ再読み込み

```
[root@targetserver /]# mv -v /etc/yum.repos.d/rocky.repo /tmp

[root@targetserver /]# dnf clean all
[root@targetserver /]# dnf repolist
repo id                    repo name
extras                     Rocky Linux 9 - Extras
localrepo-appstream        Rocky Linux 9 - AppStream
localrepo-base             Rocky Linux 9 - Base
```

　以上でターゲットノード側の設定は完了です。また、これらの作業もすべてのターゲットノードに対して手動で行っていては大変手間のかかる作業です。Ansible を用いて設定を行うことも検討ください。

◎　ミラーリポジトリの Ansible 設定

```
- name: Add mirror Rocky-BaseOS repository
  ansible.builtin.yum_repository:
    name: Rocky Linux $releasever - Base
    file: localrepo
    baseurl: http://reposerver.example.com:8080/baseos/
    enabled: true
    gpgcheck: false

- name: Add mirror Rocky-AppStream repository
  ansible.builtin.yum_repository:
    name: Rocky Linux $releasever - AppStream
    file: localrepo
    baseurl: http://reposerver.example.com:8080/appstream/
    enabled: true
    gpgcheck: false
```

5-4　プレイブックのデバッグ

　プレイブックを独自に作成し、いざ実行すると、失敗ステータスで処理が中断される経験をした方も多いのではないでしょうか。プレイブックがコードであるからこそ、多くの場合は一度で成功するコードを生み出せるものではありません。また、失敗ステータスにもいくつかの種類があり、簡単なフォーマットエラーからモジュールのアーギュメント設定漏れ、条件判定ミスまで多岐にわたるため、Ansible のトラブルシューティングとして、万能な手段はありません。

Ansible の実行エラーを特定する最も効果的な手段は、まず Ansible を経由せずにターゲットノードにログインし、期待する処理コマンドを実行してみることです。もし、そのコマンドがターゲットノード上でも実行できなければ、Ansible の実行とは無関係にエラーを起こしている可能性が高いといった切り分けができます。これだけで問題を特定できればよいのですが、実際はもっと複雑な課題に直面するでしょう。その際に、活用できるデバッグのオプションやコマンドをいくつか紹介します。

5-4-1　Ansible Playbook オプションの活用

「ansible-playbook」コマンドには、プレイブック実行のための支援オプションが存在します（Table 5-3）。これらを組み合わせて利用することにより、どのタスク上で何のエラーによってプレイブックが失敗ステータスになったのかを把握できます。この中でもよく利用するオプションは、SSH の接続情報まで表示される「-v（verbose）」詳細オプションです。

Table 5-3　ansible-playbook オプション

オプション	オプション内容
--check (-C)	プレイブックによるインストールなどの変更は行わず、条件式の確認やシンタックスの確認を行う
--diff (-D)	file や template モジュールで利用したファイルの差分を表示する
--limit="ノード名" (-l)	指定のターゲットノード, グループだけ実行を行う
--list-hosts	実行するターゲットノードのホストを表示する
--list-tags	実行するタスクのタグを表示する
--list-tasks	実行するタスクを表示する
--start-at-task=タスク名	指定のタスクから以降の実行を行う
--step	タスクごとに実行の可否（y,n,c）を指定しながら処理を行う y: タスクを実行 n: タスクを skip して次のタスクに移行 c: 後続のタスクをすべて実行
--verbose (-v)	処理の詳細を表示する -v : タスク結果の詳細表示 -vv : タスク定義位置の詳細表示 -vvv : SSH 処理内容の表示 -vvvv : SSH 処理内容の詳細表示 -vvvvv : SSH コネクションのデバッグ表示

　また、本番環境ではプレイブックを実行する前に、「--check」や「--diff」オプションを活用してテストを行うことをお勧めします。これらのオプションを使うと、ターゲットノードの状態を変更することなく、プレイブックを実行した結果起きる変化のみを確認できます。ただし、状態変更を実行しなければ確認できないタスクは実行できません。たとえば、ユーザーを新規作成した後に、その新しいユーザー権限のファイルを配置するといったチェックは失敗します。

■ 開発用 Python デバッグログの出力

　ansible-playbook コマンドに組み込まれたオプションは、ユーザー向けの詳細出力です。通常の利用であればこれらで十分ですが、Ansible 開発者向けの実装や調査では Python コードレベルの出力も必要です。これらのデバッグログを出力する際には、「ANSIBLE_DEBUG」という環境変数を指定します。Python デバッグログの内容には、モジュールスクリプトのロードや、各オブジェクトの呼び出しなどが含まれます。

◎　Python デバッグログの出力例

```
$ ANSIBLE_DEBUG=1 ansible-playbook -i inventory.ini site.yml
 13477 1566011048.14556: starting run
 13477 1566011048.36296: Added group all to inventory
 13477 1566011048.36308: Added group ungrouped to inventory
 13477 1566011048.36317: Group all now contains ungrouped
 13477 1566011048.36325: Examining possible inventory source: /etc/ansible/hosts
 13477 1566011048.36653: trying /usr/lib/python3.6/site-packages/ansible/plugins/cache
...
```

　環境変数をセットするだけで簡単にログが出力できるため、YAML がどのように呼び出されているのかを知りたい場合にもお勧めです。

5-4-2　Ansible Console コマンドの活用

　Ansible のパッケージには、ansible コマンドをインタラクティブに実行する Ansible Console（ansible-console）コマンドが含まれています。このコマンドを利用すると、特定のターゲットノードのみにタスクを適用するだけでなく、set_fact モジュールを利用した変数値の変更も可能なため、タスクのエラー解析にも役立ちます。

　ansible-console コマンドの実行には、インベントリを指定します。ここでは、以下のようなインベントリを用意して動作を確認してみます。

Code 5-15　ansible-console に利用するインベントリ例

```
1: $ cat inventory.ini
2: [webservers]
3: web01
4: web02
5: web03
```

　ansible-console コマンドを実行するとインタラクティブモードに切り替わります。プロンプトには、インベントリに定義したターゲットノードのグループや実行ターゲットノード数が表記されます。

◎　ansible-console コマンドの実行

```
$ ansible-console -i inventory.ini
ansible@all (3)[f:5]$
## <接続ユーザー >@< ターゲットノードのグループ > （< 実行ターゲットノード数 >）[f:< 並列実行できるノード数 >] $

ansible@all (3)[f:5]$ exit

Ansible-console was exited.
```

　ansible-console コマンドの初期状態では、インベントリに定義されたすべてのターゲットノード（all）が対象となっています。ここから、指定したインベントリリストの操作やモジュールの実行をインタラクティブに実施できます。

■ インベントリリストの操作

　ansible-console コマンドでは、第 3 章で紹介したインベントリ専用フィルタリング機能を利用してターゲットノードを指定できます。ターゲットの指定は、ansible-console コマンドの引数かインタラクティブモード内で行えます。
　次の例では、インベントリに定義された webservers というグループに対してインタラクティブモード内でフィルタリングを実施します。

◎　インベントリリストの操作

```
$ ansible-console -i inventory.ini
ansible@all (3)[f:5]$ list    ## すべてのターゲットノードの表示
web01
web02
web03

ansible@all (3)[f:5]$ list groups    ## すべてのターゲットグループの表示
all
ungrouped
webservers

ansible@all (3)[f:5]$ cd webservers:!web01    ## web01 以外の webservers の指定
ansible@webservers:!web01 (2)[f:5]$ list
web02
web03

ansible@webservers:!web01 (2)[f:5]$ cd all    ## 初期値に戻します
ansible@all (3)[f:5]$
```

■ モジュールの実行

　ansible-console コマンドでは、実行モジュールもインタラクティブに選択できます。事前にターゲットノードを指定しておき、モジュール名とそのアーギュメントを指定することによって、ansible コマンドと同様に逐次実行できます。

　モジュール名の他に、become、exit などいくつかの組み込みコマンドが提供されています。その他の文字列を実行した場合は shell モジュールの引数として取り扱われます。ansible-console では、[Tab]キーを利用した補完機能があり、モジュール名やアーギュメントも簡易に入力できます。

◎　モジュールの実行

```
ansible@all (3)[f:5]$
ansible@all (3)[f:5]$ echo test    ## Shell モジュールの引数としてコマンドを実行
…

ansible@all (3)[f:5]$ s + [ Tab ]キー    ## Tab 補完（モジュール名の補完）
script    service    set_fact …

ansible@all (3)[f:5]$ stat + [SPACE] + [ Tab ]キー    ## Tab 補完（アーギュメントの補完）
```

```
                        SPACE は半角スペース
checksum_algorithm=    follow=    get_attributes= …

ansible@all (3)[f:5]$ stat path=/etc/hosts    ## stat モジュールの実行
…

ansible@all (3)[f:5]$ set_fact addr={{ ansible_host }}    ## ファクト変数の取得
web01 | SUCCESS => {
    "ansible_facts": {
        "addr": "web01"
    },
    "changed": false
}
…
```

ansible-console コマンドを使うと、モジュールをコマンドのように実行できるため、一つ一つのターゲットノードの動作を確認したい場合に有効なツールです。

5-4-3　実行ファイルの保存

Ansible のデフォルト動作では、実行スクリプトをターゲットノードに配布し、スクリプトを実行した後に、自動的にそれを削除します。しかし、モジュールが期待通りに動作しない場合は、この実行スクリプトを直接確認しなければいけない場合があります。その際は、ターゲットノードに配布した実行スクリプトを削除せず、維持するための環境変数「ANSIBLE_KEEP_REMOTE_FILES」を利用します。この変数を利用することで、実行スクリプトはターゲットノード側の実行ユーザーの「$HOME/.ansible/tmp/」配下に置かれたままになります。

◎　ANSIBLE_KEEP_REMOTE_FILES の指定

```
$ export ANSIBLE_KEEP_REMOTE_FILES=1
$ ansible-playbook -i inventory.ini site.yml
```

コントロールノード側でプレイブックを実行した後に、ターゲットノードに入って対象モジュールのスクリプトを実行してみましょう。

◎ 実行スクリプトの確認

```
$ ssh ansible@test01 ## Ansible を実行するユーザーでターゲットノードにログイン
$ python $HOME/.ansible/tmp/ansible-tmp-1478060788.52-12989416613124/\
AnsiballZ_setup.py
```

　なお、実行スクリプトは Python で記述されているため、スクリプトの内容を見ることもできます。また、例のように Python にて実行すると、利用したモジュールの実行結果が取得できます。

5-4-4　Playbook Debugger

　ストラテジプラグインには、「linear」「free」「host_pinned」の方式に加え「debug」方式も提供されています。これはプレイブックのタスクエラーが発生した場合にデバッガを起動し、各タスクの情報や変数の値を操作できる機能です。デバッガを起動するためには、「debugger」アーギュメントを利用します。「debugger」アーギュメントは、以下のオプションが選択できます。

- always：結果に関係なく、常にデバッガを起動します
- never：結果に関係なく、デバッガは起動しません
- on_failed：タスクが失敗した場合にのみデバッガを起動します
- on_unreachable：ターゲットノードに到達できない場合にのみデバッガを起動します
- on_skipped：タスクがスキップされた場合にのみデバッガを起動します

Code 5-16　debugger の設定

```
1: ---
2: - hosts: all
3:   debugger: on_failed
4:   vars:
5:     pkg_name: debug_test
6:   tasks:
7:     - name: Wrong variable
8:       ansible.builtin.dnf:
9:         name: "{{ pkg_name }}"
```

　たとえば、上記のプレイブックを定義すると存在しないパッケージ名を指定しているためエラーとなり、デバッガが立ち上がります。デバッガが起動すると、専用のデバッガコマンドを使って

プレイブックに定義されたタスクを検証できます（Table 5-4）。なお、Ansible バージョン 2.4 までは「strategy: debug」という設定でも同様にデバッガを起動可能でしたが、こちらは将来の Ansible リリースで削除される可能性があるので注意してください。

Table 5-4　デバッガコマンド

コマンド	実行内容
p (print)	以下のオプションのステータスを表示する task：デバッグ対象タスク名 task_vars：デバッグ対象に保存された変数 host：デバッグ対象のターゲットノード名 result：result 変数の中身 (result._result)
u (update_task)	新たに設定した変数を更新する ※値は以下のコマンドにて変更 task_vars [key] = 値
r (redo)	タスクの再実行を行う
c (continue)	次のタスクに移行する
q (quit)	デバッガを終了し、プレイブックを中止する

■ 変数値のデバッグ

　変数値を変更する場合は、「task_vars[key] = value」を利用して変更してください。この [key] には変数名が入ります。変更に限らず変数を取り扱うときには、必ず「task_vars[key]」を利用しなければいけません。また、フロースタイルにより、入れ子構造の変数を入れることも可能ですが、一番上位変数に指定する必要があります。たとえば、「task_vars['pkg_name'] = {'pkg_default': 'python'}」といったような定義になります。

◎　変数値のデバッグ

```
$ ansible-playbook -i ./inventory ./site.yaml

PLAY [all] ****************
...
TASK [Wrong variable] *****
fatal: [localhost]: FAILED! => {"changed": false, "failures": ["No package hoge
hoge available."], "msg": "Failed to install some of the specified packages",
"rc": 1, "results": []}

## 変数値の内容を確認
```

```
[localhost] TASK: Wrong variable (debug)> p task_vars['pkg_name']
'debug_test'

## 変数値を変更
[localhost] TASK: Wrong variable (debug)> task_vars['pkg_name']="httpd"
[localhost] TASK: Wrong variable (debug)> p task_vars['pkg_name']
'httpd'

## 変数値の更新と再実行
[localhost] TASK: Wrong variable (debug)> u
[localhost] TASK: Wrong variable (debug)> redo
changed: [localhost]

PLAY RECAP **************************
ok=1    changed=1    unreachable=0    failed=0  …
```

■ モジュールのアーギュメントのデバッグ

モジュールのアーギュメントを変更する場合は、「task.args[key] = value」を利用してください。この [key] にはアーギュメント名が入ります。

◎　モジュールのアーギュメント変更

```
$ ansible-playbook -i ./inventory ./site.yaml

PLAY [all] ***************
…
TASK [Wrong variable] *****
fatal: [localhost]: FAILED! => {"changed": false, "failures": ["No package hoge
hoge available."], "msg": "Failed to install some of the specified packages",
"rc": 1, "results": []}

## モジュールのアーギュメント内容を確認
[localhost] TASK: Wrong variable (debug)> p task.args
{'_ansible_check_mode': False,
 '_ansible_debug': False,
 '_ansible_diff': False,
 …
 'name': 'debug_test'}

## モジュールのアーギュメント変更と追加
[localhost] TASK: Wrong variable (debug)> task.args['name'] = 'httpd'
```

```
[localhost] TASK: Wrong variable (debug)> task.args['state'] = 'latest'
[localhost] TASK: Wrong variable (debug)> p task.args
{'_ansible_check_mode': False,
 '_ansible_debug': False,
 '_ansible_diff': False,
 ...
 'name': 'httpd',
 'state': 'latest'}

## 再実行
[localhost] TASK: Wrong variable (debug)> redo
ok: [localhost]

PLAY RECAP ***************************
localhost    : ok=1    changed=0    unreachable=0    failed=0   ...
```

5-5 　暗号化

　Ansible では、起動時の構成管理情報取得だけでなく、あらかじめ設定しておいた変数を活用して機密情報も管理できます。ただし、共有リポジトリなどでプレイブックを管理する場合は、クラウドシステムへのクレデンシャル情報やデータベースのパスワードなどの機密情報を慎重に管理しなければいけません。ここでは、暗号化ツールである Ansible Vault について紹介します。

5-5-1 　Ansible Vault

　Ansible Vault（ansible-vault）とは、パスワード（Vault パスワード）を用いて YAML ファイルを暗号化する専用コマンドです。このコマンドを利用して暗号化したファイルを作成すると、ファイルの内容を読み取ることができなくなります。また処理を実行する際は、設定した Vault パスワードを渡すだけでプレイブックを実行できます。通常は、変数用のファイルを暗号化するときに利用しますが、インベントリの暗号化にも活用できます。以下の Table 5-5 より、ansible-vault オプションを確認してください。

書式　　　ansible-vault [create|decrypt|edit|encrypt|rekey|view] 変数ファイル名

Table 5-5　ansible-vault オプション

オプション	オプション内容
create	暗号化ファイルを作成する
decrypt	暗号化ファイルを標準のテキストファイルに復号化する
encrypt	標準のテキストファイルを暗号化する
encrypt_string	指定された文字列を暗号化する
edit	暗号化ファイルの編集を行う
rekey	暗号化ファイルに設定している Vault パスワードを変更する
view	暗号化ファイルの中身を復号化して出力する

■ 基本的な Ansible Vault の利用

まずは ansible-vault コマンドで暗号化したファイルを利用し、プレイブックを実行してみましょう。「create」オプションを活用するとエディタが起動します。そのままファイルに機密情報を記載し、ファイルを閉じると暗号化されます。

◎　Ansible Vault による暗号化

```
$ cd ${ANSIBLE_HOME}
$ mkdir -v inventory/group_vars
$ ansible-vault create inventory/group_vars/all.yml
New Vault password: ansible     ## 任意の Vault パスワード
Confirm New Vault password: ansible
## パスワードを設定するとエディタが起動します
---
admins:
password: "PASSWORD"

## エディタを保存して終了すると暗号化ファイルが作成されます
$ cat inventory/group_vars/all.yml
$ANSIBLE_VAULT;1.1;AES256
613437343131386164633432323935326436346623…

## 暗号化したファイルの中身を確認したい場合
$ ansible-vault view inventory/group_vars/all.yml
Vault password: ansible     ## 設定した Vault パスワード
---
admins:
  password: "PASSWORD"
```

Vault で暗号化されたファイルを使用して ansible-playbook を実行するには、以下の 2 通りの

方法があります。

- 「--ask-vault-pass」オプション：実行時に対話形式で Vault パスワードを入力する
- 「--vault-password-file」オプション：Vault パスワードを定義したファイルを読み込んで実行する

◎　暗号化したファイルを使用したプレイブックの実行

```
$ ansible-playbook -i inventory ./site.yml --ask-vault-pass
Vault password: ansible    ## 設定した Vault パスワード
```

　パスワードを定義したファイルを利用する場合は、そのパスワードファイルを別途安全に管理する仕組みが必要です。したがって、利用パスワードが多くない場合は利用者間でパスワードを共有し、なるべく「--ask-vault-pass」を用いることをお勧めします。

■ VaultID を用いた暗号化

　Vault 暗号パスワードの管理をより柔軟に行うために、VaultID を利用できます。VaultID とは、特定の暗号化した YAML ファイルとパスワードを関連付けるための識別子です。たとえば本番環境や開発環境などの異なる環境の YAML ファイルを別々のパスワードで暗号化することで、適切な利用者に対してだけその閲覧権限を付与することが可能です。ここでは VaultID を使用した暗号化とそれを用いた実行方法を紹介します。

　VaultID を使って YAML ファイルを暗号化する方法は、ansible-vault コマンドに「--vault-id」オプションを追加します。このオプションの引数には「--vault-id <VaultID>@<暗号化用のパスワードファイル>」を指定します。

- VaultID：任意のラベルを定義
- 暗号化用のパスワードファイル：事前に用意したパスワードを記載したファイル

　また、対話形式でパスワードを入力する場合は「--vault-id <VaultID>@prompt」と入力することでファイル形式で取り扱う必要がなくなります。次の例では、「--vault-id dev@.pass_dev」というオプションを使い、「dev」という VaultID を付けてグループ変数ファイル（inventory/group_vars/dev_servers）を暗号化しています。

◎　VaultID を指定した暗号化

```
## 暗号用のパスワードファイルと暗号化するファイルを作成
$ echo "dev_P@ssw0rd" >> .pass_dev
$ cat << EOF > ${ANSIBLE_HOME}/inventory/group_vars/dev_servers
developers:
  password: "password"
EOF

## VaultID を用いて、ファイルを暗号化
$ ansible-vault encrypt inventory/group_vars/dev_servers \
  --vault-id dev@.pass_dev
Encryption successful

## VaultID で暗号化されていることを確認
$ cat inventory/group_vars/dev_servers
$ANSIBLE_VAULT;1.2;AES256;dev    ### VaultID が追加されている
3130646436393139616233393861393462613839323…
```

　まずは 1 つのファイルだけを暗号化していますが、必要に応じて本番環境用の VaultID を付け
たグループ変数ファイルを暗号化することによって、閲覧権限のない利用者から機密情報を保護
できます。

　これらを利用するためには「--vault-id <VaultID>@prompt」を用いてプレイブックを実行し
ます。複数の異なる暗号化したファイルを同時に読み込む際は、使用されている VaultID の数の
分「--vault-id 」オプションを加えて実行します。

◎　VaultID を指定したプレイブックの実行

```
$ cd ${ANSIBLE_HOME}
$ ansible-playbook -i inventory site.yml --vault-id dev@prompt --ask-vault-pass
Vault password (dev): dev_P@ssw0rd    ## .pass_dev ファイルで指定したパスワード
Vault password: ansible    ## 事前に設定した Vault パスワード
```

■ 変数の暗号化

　ここまでは ansible-vault コマンドを使って対象ファイル全体を暗号化することを紹介しまし
たが、特定の変数のみを暗号化することも可能です。方法としては、特定の文字列を暗号化する
「encrypt_string」オプションを使用します。このオプションを利用して事前に対象の変数値を
暗号化しておき、暗号化された文字列をそのまま変数ファイルなどに定義します。

　例として「PASSWORD」という文字列を、暗号化してみましょう。

◎ 変数値の暗号化

```
$ echo -n "PASSWORD" | ansible-vault encrypt_string
New Vault password: ansible      ## 任意の Vault パスワード
Confirm New Vault password: ansible
Reading plaintext input from stdin. (ctrl-d to end input)

!vault |
      $ANSIBLE_VAULT;1.1;AES256
      37313962623463376161393266666666393932653…
Encryption successful
```

　ここで標準出力された文字列をコピーして変数ファイル（YAML）に貼り付けます。貼り付け
る箇所は、変数名の後に「!vault」からの文字列をそのまま貼り付けます。プロンプトに表示さ
れた文字列には先頭に空白スペースが入っていますが、そのままコピーしてください。

Code 5-17　暗号化された変数値の利用例

```
1: ---
2: developers:
3:   password: !vault |
4:       $ANSIBLE_VAULT;1.1;AES256
5:       37313962623463376161393266666666393932653…
```

　利用方法はこれまで同様に、ansible-playbook 指定時に「--ask-vault-pass」オプションを
付けて実行します。機密情報が少ない場合は、積極的に変数のみの暗号化を利用してください。

■ 暗号化した内容のログ出力回避

　ここまで暗号化について紹介してきましたが、いくら ansible-vault にて暗号化したファイル
を利用しても、ansible-playbook 実行時に詳細オプション（-v）を付けて実行すると標準出力に
その内容が表示されてしまいます。これでは YAML 作成者と Ansible 実行者が異なるチームでは、
情報が漏洩してしまう恐れがあります。したがって暗号化した変数を利用する場合は「no_log」
ディレクティブの利用を忘れずに行ってください。

Code 5-18　暗号化された内容のログ出力回避

```
1: - name: Create developers account
2:   ansible.builtin.user:
3:     name: developer
4:     password: {{ developers.password }}
5:   no_log: true
```

　プレイ全体に no_log ディレクティブを指定することも可能ですが、変数を使わないタスクのログも表示されなくなるため、機密情報を含む単一のタスクにのみ適用することをお勧めします。ただし、no_log ディレクティブを使用しても、「ANSIBLE_DEBUG」環境変数をセットして Ansible 自体をデバッグした場合には、データが表示されてしまうことは覚えておきましょう。

5-6　まとめ

　Ansible は簡単に利用できることが最大の特徴であり、すぐに運用で使い始めることができます。しかし、実際の本番環境で適用すると、規模やタスク数などがテスト環境と大きく変わるため、どうしても性能や運用性が低下してしまいます。また、実運用を想定すると高いセキュリティも求められます。開発環境から実運用に入っても十分なパフォーマンスを発揮させ、セキュリティ要件も満たすためには、本章で紹介した機能の検討も併せて行ってください。また、普段から知識として知っておくだけで、プレイブックの構築時にも大きく役立ちます。

終わりに

　Infrastructure as Code は、動的に変化するプロセスの状態を設計し、柔軟かつ迅速なプラットフォームを構築するための概念です。しかし、システムリソースすべてをコードで扱えるということは、アプリケーションを設計することに極めて近く、プログラミングを行う過程と変わりません。そのため、本書では Ansible というツールの解説だけではなく、読者の皆様が工夫し、改善していけるようなプログラミングの心得を重視して執筆を行いました。

　この背景には、自身も諸先輩方から、メンバ同士の改善の積み重ねによる柔軟な設計思想を教えていただいた経緯がありました。ある日、自身が書いたシェルスクリプトをレビューしてもらった際、以下のように教えられたことがあります。

「このスクリプトはうまく動くかもしれないけど、どんなに小さなスクリプトでも、まずはヘルプから書きなさい。」

　そのスクリプトにはコメントもあり、自分なりに疎結合を意識して設計していましたが、確かにヘルプ機能はありませんでした。今思えば、他のメンバが使い、今後もメンテナンスされるという意識がまだまだ少なかったのだと感じます。しかし、この概念は Ansible の利用においても同じことが言えるのではないでしょうか。つまり、誰もが簡単にコードを記述でき、共通言語で会話できる環境を整えたのが Ansible です。みんなで共有のコードを確認し、作者と同じ視点でレビューできることが重要なのです。単純な作業の自動化処理だけであればシェルスクリプトでも同様の実装が可能です。だからこそ、皆様には本書を通してなぜ Ansible を使う必要があるのかを、改めて意識していただく必要がありました。

　Infrastructure as Code によって、インフラストラクチャのあり方は大きく変化しています。Ansibleを利用すれば、ビジネスアジリティが上がるということではありません。リスクを低減するためには、ツールと同様に組織文化を改善する必要があります。つまり、専任者がツールを完璧に使いこなすこと以上に、ツールを使うメンバ同士が協力し、改善できる環境を整えることのほうが重要なのです。その気持ちを持ち続け、一歩ずつ試行錯誤していく取り組みが自動化の本質です。

今後も Ansible は機能改善され、対応モジュールも拡充し続けます。また、それに応じて、Web
の情報や技術書も増えることでしょう。ただし、本書を手にしていただいた皆様には、ぜひ自動
化をシンプルにし、みんなで改善するという意識を忘れないようにしていただければ幸いです。
その裏には、一緒に自動化を推進するメンバを思いやる気持ち、またビジネスアジリティを望む
エンドユーザーへの貢献意識が重要です。

　自身もこのように一方通行で皆様にお伝えするだけでなく、自身の足元を振り返りながら、皆
様と一緒に貢献活動できるような場を作っていければと思います。

　最後に、本書が少しでも皆様のビジネスにお役に立てれば幸いです。

2023 年 5 月　北山 晋吾

索引

Symbols

A

B

C

● 著者プロフィール

■ 北山 晋吾（きたやま しんご）

　EC 事業のインフラ運用や、ベンダーでのシステムインテグレーション業務を経て、現在はレッドハット株式会社に勤務。クラウドやコンテナ製品のアーキテクトとして、ソリューション戦略企画や提案活動を行っている。また、オープンソース界隈を中心とするコミュニティ活動を趣味としており、業務問わずコミュニティ運営や登壇を生きがいに楽しんでいる。

　本書の他にも、『Kubernetes CI/CD パイプラインの実装』『GitLab 実践ガイド』（インプレス）を始めとする書籍なども執筆。エンタープライズの世界にも、オープンソースが普及することを夢に、日々情報発信できるよう努めている。

■ 佐藤 学（さとう まなぶ）

　SIer でプログラミングの経験を積んだ後、インフラ基盤の設計や構築にシフトして経験を積んだ。特に、大規模なデータベースの設計・構築・運用を担当。また、Ansible の提案から導入までの陣頭指揮を取り、OS の設定を自動化してオペレーションミスの削減や運用コストを大幅に下げた。その後、音楽アプリの会社にて、AWS 上に DevOps の導入を行い、徹底したコスト管理を実施。前職ではメガベンチャーで働き、オンプレからクラウドを問わず、インフラ基盤の構築や運用を行っていた。現在はクラウドの普及に向けて活動する傍ら、Infrastructure as Code の普及にも力を入れており、セミナーの登壇や講師、執筆を行い日々邁進している。Terraform を使いマルチクラウドのインフラを構築することがマイブーム。

■ 塚本 正隆（つかもと まさたか）

　2002 年、現在の伊藤忠テクノソリューションズ（株）に入社。CTC 教育サービスに所属し、以降 13 年間、教育ビジネスに携わる。営業から始まり IT 講師へ職種転換するという珍しいキャリアを経て、Sun Microsystem 社（現：Oracle 社）や VMware 社の認定講師、Linux/OpenStack/仮想化技術などの OSS トレーニング講師としての経験を積む。2015 年より日本ヒューレット・パッカード（同）にて、Hybrid Cloud および Cloud Native 関連ソリューションのコンサルティングや構築などに従事する。

　その他、国内最大級の Cloud Native 関連 Conference である CloudNative Days の実行委員会など、技術コミュニティ活動にも参加し、さまざまな人達や最新技術との交流を楽しみながら多忙な日々をすごしている。最近の趣味は合気道と深夜のオンラインゲーム。好きなモノは眼鏡と音楽と変なガジェット。座右の銘は「願いが叶わないのは願う力が弱いから」。

■ 畠中 幸司（はたなか こうじ）

　PC、Web、モバイル、AI とトレンドに合わせてキャリアを広げるエンジニア&起業家。Microsoft、Hewlett Packard Enterprise などの企業で数多くのグローバルプロジェクトに携わり、2019 年からは AI エッジサーバーの普及に力を入れている。神戸市出身。

■ 横地 晃（よこち あきら）

　インフラ構築からシステム開発まで行う SIer にてエンジニアキャリアをスタートし、さまざまな業務を経験。その後、株式会社エーピーコミュニケーションズにて、データセンターやエンタープライズ向けネットワークの設計構築業務に従事。自動化に関心を持ち始めた頃に、ネットワーク機器に対応している Ansible に出会う。現在は、ネットワーク自動化を支援する業務に携わっている。

　その他には、Ansible ユーザー会などのコミュニティへの参加や登壇、ブログの投稿など、アウトプットすることがライフワーク。社内では、エンジニアが自律的にアウトプットや学習をするための支援を担うメンターも担当しており、人材育成にも力を入れている。

● お断り

　IT の環境は変化が激しく、Ansible をはじめとするオープンソースの世界は、最も変化の激しい先端分野の一つです。本書に記載されている内容は、2023 年 5 月時点のものですが、サービスの改善や新機能の追加は、日々行われているため、本書の内容と異なる場合があることは、ご了承ください。また、本書の実行手順や結果については、筆者の使用するハードウェアとソフトウェア環境において検証した結果ですが、ハードウェア環境やソフトウェアの事前のセットアップ状況によって、本書の内容と異なる場合があります。この点についても、ご了解いただきますよう、お願いいたします。

● 正誤表

　インプレスの書籍紹介ページ「 https://book.impress.co.jp/books/1122101189 」からたどれる「正誤表」をご確認ください。これまでに判明した正誤があれば「お問い合わせ／正誤表」タブのページに正誤表が表示されます。

● スタッフ

AD ／装丁：岡田 章志＋ GY
本文デザイン／制作／編集：TSUC LLC

本書のご感想をぜひお寄せください

https://book.impress.co.jp/books/1122101189

読者登録サービス
CLUB impress

アンケート回答者の中から、抽選で図書カード（1,000円分）
などを毎月プレゼント。
当選者の発表は賞品の発送をもって代えさせていただきます。
※プレゼントの賞品は変更になる場合があります。

■商品に関する問い合わせ先

このたびは弊社商品をご購入いただきありがとうございます。本書の内容などに関するお問い
合わせは、下記のURLまたは二次元バーコードにある問い合わせフォームからお送りください。

https://book.impress.co.jp/info/

上記フォームがご利用いただけない場合のメールでの問い合わせ先
info@impress.co.jp
※お問い合わせの際は、書名、ISBN、お名前、お電話番号、メールアドレスに加えて、「該当する
ページ」と「具体的なご質問内容」「お使いの動作環境」を必ずご明記ください。なお、本書の範囲
を超えるご質問にはお答えできないのでご了承ください。

●電話やFAXでのご質問には対応しておりません。また、封書でのお問い合わせは回答までに日数をい
ただく場合があります。あらかじめご了承ください。
●インプレスブックスの本書情報ページ https://book.impress.co.jp/books/1122101189 では、本書
のサポート情報や正誤表・訂正情報などを提供しています。あわせてご確認ください。
●本書の奥付に記載されている初版発行日から3年が経過した場合、もしくは本書で紹介している製品や
サービスについて提供会社によるサポートが終了した場合はご質問にお答えできない場合があります。

■落丁・乱丁本などの問い合わせ先
FAX　03-6837-5023
service@impress.co.jp
※古書店で購入された商品はお取り替えできません。

アンシブル　ジッセン　　　　ダイヨンバン　キソヘン
Ansible 実践ガイド 第4版 [基礎編]
2023年 6月21日　初版第1刷発行

著者　　北山 晋吾、佐藤 学、塚本 正隆、畠中 幸司、横地 晃
（きたやま しんご　さとう まなぶ　つかもと まさたか　はたなか こうじ　よこち あきら）

発行人　小川 亨

編集人　高橋隆志

発行所　株式会社インプレス
　　　　〒101-0051 東京都千代田区神田神保町一丁目105番地
　　　　ホームページ https://book.impress.co.jp/

印刷所　大日本印刷株式会社

ISBN978-4-295-01681-6 C3055

Printed in Japan